essentials

essentials liefern aktuelles Wissen in konzentrierter Form. Die Essenz dessen, worauf es als „State-of-the-Art" in der gegenwärtigen Fachdiskussion oder in der Praxis ankommt. *essentials* informieren schnell, unkompliziert und verständlich

- als Einführung in ein aktuelles Thema aus Ihrem Fachgebiet
- als Einstieg in ein für Sie noch unbekanntes Themenfeld
- als Einblick, um zum Thema mitreden zu können

Die Bücher in elektronischer und gedruckter Form bringen das Expertenwissen von Springer-Fachautoren kompakt zur Darstellung. Sie sind besonders für die Nutzung als eBook auf Tablet-PCs, eBook-Readern und Smartphones geeignet. *essentials:* Wissensbausteine aus den Wirtschafts-, Sozial- und Geisteswissenschaften, aus Technik und Naturwissenschaften sowie aus Medizin, Psychologie und Gesundheitsberufen. Von renommierten Autoren aller Springer-Verlagsmarken.

Weitere Bände in der Reihe http://www.springer.com/series/13088

Jürgen Maaß

Realitätsbezogen Mathematik unterrichten

Ein Leitfaden für Lehrende

Jürgen Maaß
Institut für Didaktik der Mathematik
Universität Linz
Linz, Österreich

ISSN 2197-6708 ISSN 2197-6716 (electronic)
essentials
ISBN 978-3-658-30594-9 ISBN 978-3-658-30595-6 (eBook)
https://doi.org/10.1007/978-3-658-30595-6

Die Deutsche Nationalbibliothek verzeichnet diese Publikation in der Deutschen Nationalbibliografie; detaillierte bibliografische Daten sind im Internet über http://dnb.d-nb.de abrufbar.

Planung/Lektorat: Iris Ruhmann
Springer Spektrum ist ein Imprint der eingetragenen Gesellschaft Springer Fachmedien Wiesbaden GmbH und ist ein Teil von Springer Nature.
Die Anschrift der Gesellschaft ist: Abraham-Lincoln-Str. 46, 65189 Wiesbaden, Germany

Was Sie in diesem *essential* finden können

In diesem Essential finden Sie Antworten auf Fragen wie: Was kann und soll ich tun, um „realitätsbezogen" Mathematik zu unterrichten? Was ist das eigentlich: realitätsbezogener Mathematikunterricht? Wem nutzt das in welcher Weise? Gibt es Risiken? Wo finde ich Beispiele, Unterrichtsvorschläge und Hilfen?

Vorwort

Viele Wege führen zur Mathematik. Weshalb werden sie nicht öfter und von mehr Menschen mit Freude beschritten? Wenn ich mit Erwachsenen über Mathematik, ihre Schulerfahrungen und ihren Umgang mit Mathematik in Beruf und Alltag spreche, höre ich leider oft sehr Negatives. Mathematik ist für sie nur eine Sammlung von mehr oder weniger sinnlosen Aufgaben, die sie in der Schule lösen mussten. Wenn diese Menschen nach dem Sinn ihres Mathematikunterrichts gefragt haben, wurden sie auf später oder auf die nächste Schularbeit verwiesen. Vor diesem Hintergrund verstehe ich gut, dass bei diesen Menschen vom Mathematikunterricht meist nur wenig nachhaltig Gelerntes und zudem eine negative Einstellung zur Mathematik bleiben (vgl. Maaß 1997). Das ist nicht nur deshalb bedauerlich, weil diesen Menschen etwas entgeht (die Mathematik mit ihrer Schönheit und all ihren Möglichkeiten!), sondern auch bedrohlich, weil einige von diesen Menschen beruflich in Positionen kommen, in denen sie Entscheidungen treffen, indem sie etwa als Minister oder Ministerin Mathematikunterricht kürzen lassen. Erinnern Sie sich noch an die Schlagzeile „Sieben Jahre Mathe sind genug[1]?" Das große mediale Echo dieser Fake-News war auch ein Indiz dafür, wie viele Journalistinnen und Journalisten ihren Mathematikunterricht in „guter" Erinnerung haben.

Übrigens ändert sich nichts an den Einstellungen der Erwachsenen zur Mathematik dadurch, dass viele Menschen beruflich Mathematik nutzen. Auf die Frage, ob sie im Beruf Mathematik verwenden, antworten sie nämlich entschlossen „NEIN!" Auch wenn sie als Tischlerin den Holzbedarf für Möbel

[1]Hier die Presseerklärung der GDM dazu: https://ojs.didaktik-der-mathematik.de/index.php/mgdm/article/view/127/96.

kalkulieren, als Buchhalter zum wirtschaftlichen Erfolg ihres Unternehmens beitragen, als Bauingenieurin die Statik für eine Brücke prüfen etc. – sie nutzen viel Mathematik, nennen es aber anders. Die Parallelität von Nutzung und anderer Bezeichnung fand ich auch bei einem pensionierten Richter, der über Jahrzehnte Wetterdaten aus seinem Garten gesammelt und statistisch ausgewertet hat, einem Fan von Logikrätseln und einer Hochseeseglerin, die den Kurs ihres Segelbootes in der Adria oder der Karibik bestimmt und nebenbei allerlei Logistikprobleme für die Verpflegung löst.

Wenn Sie dieses Essential lesen, gehören Sie zu den Mathematiklehrerinnen und -lehrern, die den Unterricht besser machen wollen. Realitätsbezogener Mathematikunterricht kann und soll ein Beitrag dazu sein, mehr Wege zur Mathematik zu öffnen und ihre Attraktivität zu zeigen. Andere Wege können über Geschichten aus der Geschichte, Rätsel, faszinierende Phänomene aus der Mathematik und viele andere Zugänge gefunden werden. Dazu gibt es viele Vorschläge in der Mathematikdidaktik (z. B. in der Zeitschrift „Mathematik lehren"). Mir ist wichtig zu betonen, dass mit diesen Essentials und den vielen anderen Texten und Vorschlägen zum realitätsbezogenen Mathematikunterricht nicht erreicht werden soll, dass diese Art Unterricht dominant oder gar der einzige Zugang zur Mathematik wird. Er soll zur Öffnung, nicht zur Einengung beitragen. Damit viele Menschen ihren Zugang zur Mathematik finden können, müssen viele Zugänge angeboten werden. Tragen Sie bitte dazu bei und berichten Sie mir bitte von Ihren Erfahrungen: juergen.maasz@jku.at.

An dieser Stelle möchte ich den Mitarbeiterinnen und Mitarbeitern des SPRINGER Verlages für ihre Betreuung und Unterstützung sowie Mag. Dr. H. Hofbauer und Mag. D. Stadler fürs Korrekturlesen und die konstruktiven Rückmeldungen danken.

Jürgen Maaß

Inhaltsverzeichnis

1 Einleitung

Bevor ich einen Ausflug ins Unbekannte mache, überlege ich mir ein paar Dinge: Wohin soll der Ausflug gehen? Was genau will ich dort? Welche Route dorthin ist günstig? Welche Mittel oder Voraussetzungen benötige ich? Feste Schuhe für eine Wanderung abseits der Straße? Eine Regenausrüstung? Was weiß ich schon über das Ausflugsziel? Ist es z. B. sinnvoll, ein Fernrohr mitzunehmen, um die Aussicht besser genießen zu können? Wie bei jeder Planung oder Vorbereitung muss ich zudem eine Balance finden zwischen dem, was ich vorher planen kann und will, dem nötigen und sinnvollen Aufwand für die Planung und dem nötigen und sinnvollen Aufwand für die Planung und dem durchaus legitimen Wunsch, auch einmal ein kleines Abenteuer zu erleben, wenn mich etwas nicht Geplantes herausfordert.

Wenn ich Sie nun zu einem Ausflug in den Bereich des realitätsbezogenen Mathematikunterrichts einlade, gliedere ich die Überlegungen dazu wie bei einem anderen Ausflug:

- Was ist „realitätsbezogener Mathematikunterricht"?
- Weshalb will ich realitätsbezogen Mathematik unterrichten?
- Welche Wege führen von „normalem" Unterricht dorthin?
- Welche Mittel oder Voraussetzungen werden benötigt?
- Welchen Aufwand kostet die Unterrichtsvorbereitung?
- Mit welchen Überraschungen kann ich rechnen?
- Wie kann ich die Leistung der Lernenden überprüfen und bewerten?

Wie schon im Vorwort angedeutet, lade ich Sie dazu ein, den Ausflug aktiv mitzumachen, also nicht nur zu lesen, was getan werden könnte, sondern es selbst gleich einmal auszuprobieren.

J. Maaß, *Realitätsbezogen Mathematik unterrichten,* essentials,
https://doi.org/10.1007/978-3-658-30595-6_1

2 Was ist „realitätsbezogener Mathematikunterricht"?

Eine Definition, auf die sich alle Beteiligten geeinigt haben, gibt es nicht. Wenn Sie die beiden deutschsprachigen Hauptquellen für Konzepte und Unterrichtsvorschläge in Augenschein nehmen, sehen Sie sofort, dass unter dieser Überschrift ein recht weites Spektrum von Vorstellungen, Vorschlägen und Meinungen versammelt ist. Welches sind diese Hauptquellen? Mitte der 70er Jahre wurde in Münster ein Verein namens MUED[1] gegründet. Hier kooperieren hauptsächlich Lehrerinnen und Lehrer, die Unterrichtseinheiten erproben und bewährte (= von mehreren ausprobierte und kommentierte) Vorschläge für alle zur Verfügung stellen. Ich komme im Kap. 6 unter dem Stichwort „Arbeitserleichterung" darauf zurück. Die zweite Quelle ist eine Gruppe von Mathematikdidaktikerinnen und -didaktikern, die sich ISTRON[2] nennt, eine Buchreihe mit Unterrichtsvorschlägen herausgibt und auch über theoretische Hintergründe nachdenkt. Wenn Sie in anderen Quellen einschlägige Unterrichtsvorschläge finden, sind die Autorinnen und Autoren meist Mitglied bei MUED oder ISTRON. Ich bin bei beiden Gruppen Gründungsmitglied.

2.1 Was ist „Realität"?

Eine Dimension, in der ein breites Spektrum von Meinungen zur Definition erkennbar ist, entfaltet sich durch die Frage „Was ist Realität?" und „Wie nah kann und will ich ihr im Mathematikunterricht kommen?". Eine einfache,

[1]MUED steht für Mathematik-Unterrichts-Einheiten-Datei – siehe www.mued.de.

[2]http://www.istron.mathematik.uni-wuerzburg.de/

J. Maaß, *Realitätsbezogen Mathematik unterrichten*, essentials,
https://doi.org/10.1007/978-3-658-30595-6_2

aber unzureichende Antwort auf die Frage nach der Realität ist: Was ich mit meinen Sinnen wahrnehme, ist die Realität. Nicht nur das Stichwort „Sinnestäuschungen" erschüttert diese einfache Sicht. R. Descartes hat diesen Gedanken in seinen „Meditationen"[3] konsequent verfolgt und ist zu dem berühmten Schluss gekommen, dass unsere Sinne uns komplett täuschen können (insbesondere, wenn sie von außen gegen unseren Willen beeinflusst werden). Nur eine Aussage ist immer richtig: Ich denke, also bin ich! Da diese eine Aussage eine viel zu schmale Basis für das Leben und eine sichere Erkenntnis der Realität ist, schlägt Descartes als Ausweg und Basis den Glauben an einen gütigen Gott vor, der ja nicht wollen kann, dass wir permanent von einem Bösen getäuscht werden. Brauchen wir nun im Anschluss an Descartes einen festen Glauben an ein gütiges und allmächtiges Wesen, um weiter Mathematik unterrichten zu können?

Was hat dieser Gedankengang von Descartes mit dem Mathematikunterricht zu tun? Seine Idee mit den Koordinaten ist ja hilfreich und fixer Bestandteil des Mathematikunterrichts, aber diese Verunsicherung in Sachen Realität ist nicht so angenehm. Setzen wir uns nun mit seinem „Rationalismus" und in Folge dann mit dem „kritischen Rationalismus" von K. Popper und vielleicht noch abschließend mit P. Feyerabens „Anything goes!" auseinander? Vielleicht kann ich Sie zu dieser Lektüre motivieren, die sicher spannender ist als jeder Krimi. Hier fehlt dazu aber der Platz. Festhalten möchte ich jedoch, dass Mathematik im Reigen aller Unterrichtsfächer eine besondere Stellung hat: Wer die grundlegenden Axiome etwa der Geometrie oder der Algebra akzeptiert, findet sich in einem Bereich der eindeutig klärbaren Wahrheiten. Die Wahrheit mathematischer Aussagen unterscheidet sich prinzipiell von jener, die durch empirische Sozialforschung, historische Studien, naturwissenschaftliche Experimente und Hypothesenbildung etc. gefunden wird. Im Zeitalter von Fake – News und geradezu existenzieller Verunsicherung im Hinblick auf „Wahrheit" weise ich auch ausdrücklich darauf hin, dass Mathematik wie keine andere Wissenschaft Methoden zur Wahrheitsfindung bereitstellt. Welche? Eben das soll realitätsbezogener Mathematikunterricht auch zeigen und lehren!

In diesem Essential muss ich im Zusammenhang mit der Frage nach der Realität unbedingt auf einen anderen Philosophen eingehen, der für die Mathematik von großer Bedeutung ist: Plato. Weshalb? Wir nähern uns so, wie es auch in der Schule möglich ist. Nehmen Sie bitte etwas zum Zeichnen. Suchen Sie eine Stelle auf dem Papier oder der Tafel, die Ihnen geeignet erscheint und zeichnen

[3]https://de.wikipedia.org/wiki/Meditationes_de_prima_philosophia

Sie dort einen Punkt ein. Was haben Sie gezeichnet? Ein Kreuz? Einen kleinen Fleck, der irgendwie kreisförmig ist? Was auch immer Sie gezeichnet haben, es ist sicher kein Punkt. Euklid definiert einen Punkt als das, was keine Teile hat, also ohne Ausdehnung ist. Sobald Sie etwas gezeichnet haben, was sichtbar ist, hat es Teile (der Fleck kann z. B. halbiert werden), also eine zweidimensionale Ausdehnung. Ein Platonist[4] wird an dieser Stelle einwenden, dass irgendwelche gezeichneten Figuren niemals Punkte, Strecken oder Dreiecke etc. sein können, sondern nur der Versuch, die IDEE von Punkt, Strecke oder Dreieck etc. zu skizzieren. Reale Objekte auf dem Papier (oder auch Holzfiguren oder Pixelgruppen auf einem Bildschirm) können die Ideen von Objekten mehr oder weniger gut repräsentieren, aber niemals diese Objekte selbst sein. Die eigentliche Konstruktion von Dreiecken findet also im Kopf statt, in der Welt der Ideen. „Reale" Figuren auf Papier, Tafel oder Bildschirm dienen nur der Kommunikation, der Anregung, der Ideenfindung etc. Haben Sie Geometrie schon immer mit dieser begrifflichen Klarheit unterrichtet? Haben Sie bisher sprachlich sauber zwischen den Ideen der geometrischen Objekte und den gezeichneten Objekten unterschieden? Werden Sie das künftig tun oder es (weiterhin) einfach weglassen, um die Lernenden nicht zu verwirren?

Wie auch immer Sie sich entscheiden oder schon längst entschieden haben, Sie beziehen damit Position in einem Jahrtausende alten Diskurs über „Realität" und beeinflussen durch ihre didaktische Entscheidung die Realität ihrer Schülerinnen und Schüler, in der nach Ihrem Unterricht Platos „Ideenwelt" einen Platz hat oder auch nicht. Mit anderen Worten: Auch, wenn Sie denken, dass die philosophischen Fragen nach dem Sein und dem Sinn, dem Guten und dem Bösen Sie nicht wirklich interessieren (oder keinen Platz in Ihrem Unterricht haben sollen), können Sie sich und Ihre Schülerinnen und Schüler den Themen wie Erkenntnis/Wahrheit, Sinn und Ethik nicht entziehen. Auch und gerade das Ausblenden ist eine relevante Entscheidung.

Ich versuche, dieses Argument noch an einem dritten Beispiel zu untermauern. Sicher sagt Ihnen der Name „Pythagoras" etwas. Neben der Formel für die rechtwinkeligen Dreiecke erinnern Sie sich vielleicht auch an die Pythagoreer als

---

[4]Im „Staat" führt Sokrates aus, „dass sie (die Geometer, JM) sich der sichtbaren Gestalten bedienen und immer von diesen reden, während den eigentlichen Gegenstand ihres Denkens nicht diese bilden, sondern jene, deren bloße Abbilder diese sind. Denn das Quadrat an sich ist es und die Diagonale an sich, um derentwillen sie ihre Erörterungen anstellen, nicht aber dasjenige, welches sie durch Zeichnung entwerfen." (Platon 1994, Der Staat 511a).

Schule und politisch einflussreiche Gruppe im klassischen Griechenland sowie an einen ihrer zentralen Glaubenssätze: Alles ist Zahl! (= lässt sich als Verhältnis von natürlichen Zahlen ausdrücken[5]). Vielleicht haben Sie auch schon einmal im Unterricht die Lernenden entdecken lassen, wie sich gerade im Symbol der Gruppe, dem Fünfeck, etwas finden lässt, das dem Motto widerspricht (vgl.: Hischer 1994). Ist damit das Motto ebenso Geschichte wie die Gruppe selbst? Keinesfalls! Jedes Mal, wenn eine Entscheidung darüber fällt, welches Thema im realitätsbezogenen Mathematikunterricht behandelt werden soll, muss auch überlegt werden, ob der gewählte Aspekt der Realität überhaupt mathematisch untersucht werden kann. In vielen Fällen ist die Frage einfach zu beantworten, etwa, weil schon ein fertiger und erprobter Unterrichtsvorschlag vorhanden ist. In anderen Fällen ist die Antwort zwar prinzipiell „JA!", aber es mag sein, dass die notwendige Mathematik den schulischen Rahmen sprengt. Beispiel dafür sind die Entwicklung der nächsten Generation von Smartphones, Winterreifen, Waschmaschinen, Motoren, Flugzeugen, Datenverschlüsslungen, Raumsonden, Panzern oder Bomben… kurz: aller Neuen Technologien, naturwissenschaftlicher Forschung und Technologischer Grundlagenentwicklung. Überall steckt Mathematik drin, als eher unsichtbare Basis aller Neuen Technologien (Maaß und Schlöglmann 1989). Fragen wir anderes herum: Was lässt sich nicht mathematisch modellieren, berechnen oder optimieren? Darf ich Sie bitten, für sich eine kleine Liste zu notieren?

Was steht auf Ihrer Liste? Ich vermute Stichworte aus dem nahen Umkreis von menschlichen Verhaltensweisen und Beziehungen, Emotion, Kunst, Kultur, Glauben. In Diskussionen höre ich auch viele Stimmen, die meinen, es sei gut, wenn es nahe beim Menschen Bereiche gibt, die nicht mathematisiert, berechnet und optimiert werden können und sollen. Deshalb erinnere ich daran, dass mit Hilfe von Mathematik bereits viele erfolgreiche Schritte in genau diese Bereiche unternommen wurden. Als Beispiel erwähne ich die Werbung/Verkaufsoptimierung. Für große Anzahlen potenzieller Käuferinnen und Käufer ist sie ja schon seit langer Zeit (mit Hilfe von Statistik) sehr erfolgreich. Nicht umsonst ist der Werbeetat von Firmen so groß. Wenn Sie die aktuellen Auseinandersetzungen über Datenschutz, das Sammeln von Informationen über die Nutzung des Internets (Einkäufe, Musikgeschmack, Reiseziele auswählen etc.) durch Einzelpersonen und die darauf basierende individualisierte Werbung verfolgen, beobachten Sie zugleich einen Siegeszug von Mathematik, nämlich eben jener

[5]https://de.wikipedia.org/wiki/Pythagoreer

Algorithmen, die verwendet werden, um Ihre Persönlichkeit möglichst präzise zu erfassen, zu einem virtuellen Abbild zusammenzusetzen und zu umwerben – oder sonst wie zu beeinflussen, z. B. als Wählerin oder Wähler.

Haben Sie schon einmal mit einer Schulklasse eine Diskussion über Sinn und Grenzen von Mathematisierungen geführt? Je nach Alter ist es offenbar empfehlenswert, an konkreten und altersgemäßen Beispielen zu diskutieren. Empfehlenswert scheint eine offene Diskussion darüber aber auf jeden Fall, weil das ohne Zweifel dazu beiträgt, mehr Wissen über Mathematik zu vermitteln. Dazu noch ein Hinweis: In solchen Diskussionen geht es nicht darum, den Lernenden Ihre wohl erwogene und ausgereifte Position zur angesprochen Diskussionsfrage in der Art zu vermitteln, wie Sie etwa den Satz von Pythagoras erläutern. Es ist nicht schlimm, wenn die Diskussion offenbleibt und an anderer Stelle wieder aufgenommen wird oder Lernende mit einer Meinung aus der Schulstunde gehen, die offensichtlich unzureichend durchdacht ist. Es wäre schlicht zu viel von den Lernenden verlangt, wenn sie gleich nach dem Start des Nachdenkens über ein für sie vielleicht völlig neues und komplexes Thema ein sicheres und kompetentes Urteil fällen können. Ungewohnt für den Mathematikunterricht – aber deswegen auch gerade reizvoll! – ist es, dass am Ende nicht ein klares RICHTIG oder FALSCH steht, sondern bestenfalls eine Position in einem vieldimensionalen Spektrum von Meinungen und Argumenten. Wie es eben im realen Leben oft ist!

2.2 Wie nah an der Realität kann und soll Mathematikunterricht sein?

Auch hier gibt es ein Spektrum von Meinungen und keine klare Definition oder Richtlinie. Die alte Hoffnung, dass man mit strengem und realitätsfernen Mathematikunterricht die Jungen von ihrer Pubertät ablenken und gut erziehen könne, hat seit dem 19. Jahrhundert wohl kaum noch jemand. Im Zeichen der „modernen Mathematik“ oder Mengenlehre vor etwa 50 Jahren wurde viel häufiger als heute Mathematik fast ohne Anwendungsbezug unterrichtet: Neben all den Mengen und Formeln blieb dafür einfach keine Zeit. Am anderen Ende des Spektrums stehen weitreichende Interpretationen und Forderung nach „authentischem“ oder – schon wieder aus der Mode gekommen – „schülerorientiertem“ Unterricht im Sinne von: Die Schülerinnen und Schüler sollen selbst (und in der extremen Form dieser Position ganz ohne Lehrende) bestimmen, was und wie sie lernen[6]. Erinnern Sie sich noch an Pink Floyd (The Wall): „Teachers leave us kids alone"? Bisweilen gab es auch ein typisches Missverständnis der Berichte von A.S. Neill über Summerhill[7], nach dem dort die Lernenden allein bestimmten, was und wie sie lernen wollten – was nicht der Fall war, weil sie extern geprüft wurden und sich sehr wohl für diese Prüfung vorbereiten mussten.

Vielleicht können Ihnen die folgenden Anmerkungen von mir helfen, Ihre Position in dieser Dimension der Meinungsbildung zu finden. Ob es uns gefällt oder nicht – wir sind als Mathematiklehrende von den pädagogischen Entwicklungen (um nicht zu sagen: Moden) betroffen. Heute unterrichten wir kompetenzorientiert und achten weniger als früher auf Qualifikation und Sozialisation. Strukturgitter der Curriculumentwicklung (H. Blankertz, D. Lenzen u. a.) hingegen kennt kaum noch jemand. Und die heute so aktuellen Kompetenzen werden in naher Zukunft durch X ersetzt – darauf wette ich. Die importierten Diskussionen aus der Pädagogik können beklagt werden; sie haben uns aber auch dazu gebracht, über unsere Wissenschaft aus neuen Perspektiven nachzudenken und zu tatsächlichen Verbesserungen des Mathematikunterrichts geführt. Ein Forschungsprojekt, das diese Effekte genauer analysiert, ist mit jedoch nicht bekannt.

In einem Punkt hilft uns die Pädagogik jedoch sicher: Die Motivation der Lernenden kann dadurch spürbar erhöht werden, dass sie erleben und einsehen, wie nahe das zu Lernende an ihrer Lebenssituation ist. Dazu ein Beispiel: Was halten Sie von folgender Aufgabe: „Ein Löschzug der Feuerwehr fährt in 10 min von der Feuerwehrstation zum 6 km entfernten Einsatzort. Wie groß ist seine durchschnittliche Geschwindigkeit?" Das hat einen Hauch von Realitätsnähe. Jedenfalls klingt es etwas realitätsnäher als diese Aufgabe: „Eine Funktion f(t) wächst in der Zeit t = 10 min. jeweils um 6 km. Wie groß ist f(60 min.)?" In dieser (nicht zur Nachahmung empfohlenen Formulierung) wäre es eine eigene Aufgabe zu bitten: Sucht eine reale Situation, in der so etwas geschehen könnte.

Offensichtlich viel realitätsnäher ist diese Aufgabe. „Unsere Feuerwehrwache ist in der Hauptstr. 7. Wie lange braucht ein Löschzug von dort bis zu unserer Schule?" Ebenso offensichtlich ist, dass diese Aufgabe umfangreicher, komplexer und insgesamt deutlich schwieriger werden kann. Nehmen wir einmal an, dass eine Navigationssoftware anzeigt, die Entfernung von der Feuerwehr zur Schule beträgt 6 km. Nun stellt sich die Frage nach der Geschwindigkeit. Für den Anfang

[6]Stichwort: Antipädagogik vgl.: https://de.wikipedia.org/wiki/Antip%C3%A4dagogik.

[7]https://de.wikipedia.org/wiki/Summerhill

scheint es mir eine gute Gelegenheit zum Schätzen: Alle sollen ins Schulheft schreiben, welche Höchstgeschwindigkeit, Durchschnittsgeschwindigkeit und Fahrtdauer sie schätzen. Dann bietet sich eine gute Gelegenheit für Technologieeinsatz. Wie lange braucht das Fahrzeug, wenn es mit durchschnittlich x km/h fährt? Nehmen wir als unteren Wert Schritttempo (Stau) und als oberen Wert 50 km/h oder gar 70 km/h (eine sehr hohe Geschwindigkeit in der Stadt!), dann erhalten wir eine Wertetabelle und eine gezeichnete Funktion. Wie geahnt (wer kann das heute noch im Kopf ausrechnen?) braucht es bei 6 km/h Durchschnittsgeschwindigkeit eine Stunde und bei 60 km/h 6 min. Stimmen Sie mit der These zur Motivation durch Lebensnähe aus der Pädagogik überein? Diese Formulierung der Aufgabe ist motivierender, nicht wahr?

Nun noch eine Frage: Wäre für Sie mit der Tabelle oder Funktion der Unterricht zur Aufgabe abgeschlossen? Während Sie nun eingeladen sind, basierend auf Ihrer Unterrichtserfahrung zu entscheiden, ob Sie in einer solchen Situation mit der Aufgabe fertig wären, nutze ich das Beispiel, um Sie auf einen bisher nicht erwähnten Vorteil realitätsbezogenen Mathematikunterrichts aufmerksam zu machen.

Eines der wichtigsten allgemeinen Lehrziele der Schule überhaupt ist die Erziehung zur Mündigkeit, die die Befähigung zur selbstständigen und verantwortlichen Entscheidung umfasst. Zur Erreichung dieses Lehrziels können wir im normalen Mathematikunterricht sehr wenig beitragen. Wir haben einen dicht gefüllten Katalog von Stoffen/Inhalten, die ebenfalls im Lehrplan vorgeschrieben sind. Diese Inhalte haben eine inhaltlich aufbauende Struktur, die wir selbstverständlich viel besser kennen als die Lernenden. Wie soll es da sinnvoll und überhaupt möglich sein, die Lernenden entscheiden zu lassen, ob sie Pythagoras oder Prozente lernen wollen? Selbst wenn Sie den Lernenden die viel kleinere Entscheidung darüber, ob sie als nächste die Aufgabe 17 b oder 18 a rechnen wollen, ist das wohl eher problematisch.

Ganz anders ist die Situation, wenn entschieden werden soll, ob eine realitätsbezogene Frage hinreichend weit geklärt ist oder dem einen oder anderen Aspekt weiter nachgegangen werden soll. Auf der einen Seite ist diese Entscheidung nicht einfach vorgegeben; es sollte tatsächlich abgewogen werden, inwieweit die bisher erarbeiteten Ergebnisse die Ausgangsfrage mit hinreichender Genauigkeit oder Überzeugungskraft beantworten. In dem hier behandelten Feuerwehrbeispiel könnte die Entscheidung „das reicht uns jetzt“ damit begründet werden, dass eine Wertetabelle oder Funktion, die die Fahrtdauer in Abhängigkeit von der erreichten Durchschnittsgeschwindigkeit beschreibt, als Antwort ausreicht. Viel genauer werden wir es ohnehin nicht erfahren, weil wir diese Durchschnittsgeschwindigkeit nicht kennen und auch eine Nachfrage bei der

Feuerwehr – selbst wenn sie beantwortet wird – nur eine ungenaue Auskunft ist, etwa: üblicherweise sind es in der Stadt etwa 30 km/h. Oder es könnte überlegt werden, dass die eigentlich relevante Frage nicht die reine Fahrtzeit betrifft, sondern die Gesamtzeit vom Alarm bis zum Beginn des Einsatzes vor Ort. Falls die Fragestellung in dieser Weise umformuliert werden soll, muss das zuerst entschieden werden.

Auf der anderen Seite ist es möglich und sogar – im Sinne des eingangs erwähnten allgemeinen Lehrziels „Selbstständigkeit" – wünschenswert, die Lernenden solche Abwägungen selbst vornehmen zu lassen. Im normalen Unterricht sind Sie die einzige Person im Raum, die begründet und richtig entscheiden kann, wie es weitergehen soll. Hier können die Lernenden mitreden und dabei lernen, wie solche Entscheidungen gefunden und getroffen werden. Das kostet natürlich Zeit – Sie alleine können sicher schneller und besser entscheiden! – aber es bringt einen sehr wichtigen Lerneffekt, der sonst nicht erreicht wird. Noch eine Bitte: Akzeptieren Sie die Entscheidung der Schulklasse, auch wenn Sie wissen, dass sie nicht optimal ist. Ob jetzt noch genauer modelliert oder gerechnet wird oder ein anderes Thema aufgegriffen wird, ist weniger wichtig als die Chance, aus der Entscheidung etwas zu lernen: Einerseits dürfen und können wir selbst etwas im Mathematikunterricht entscheiden. Andererseits stehen wir zu unserer Entscheidung, auch wenn wir deshalb jetzt zusätzlich etwas nachforschen, mehr arbeiten oder mit dem Gefühl leben müssen, eine Frage nicht vollständig geklärt zu haben. Mit den Folgen eigener Entscheidungen gehen alle Menschen, auch Ihre Schülerinnen und Schüler, ganz anders um als mit jenen, die für sie und ohne sie getroffen wurden. Entscheidung bringt Verantwortung – auch das soll gelernt werden.

Nehmen wir an, in der Klasse setzt sich der Wunsch durch, die Frage soll noch genauer untersucht werden. Zu diesem Zweck wird geplant, die Fahrtstrecke genauer zu untersuchen. Ist sie wirklich genau 6 km lang? Nun können Vorschläge dazu gesammelt und arbeitsteilige Schritte beschlossen werden. Eine Möglichkeit ist, dass die Hausaufgabe heute darin besteht, dass Gruppen von Schülerinnen und Schülern einzelne Abschnitte der Strecke genauer anschauen: Gibt es hier Bedingungen, die die Fahrtgeschwindigkeit beeinflussen? Zur besseren Vorbereitung kann diskutiert werden, was solche Bedingungen sein können, etwa eine Ampel, eine Vorrangstraße, die überquert werden muss, eine Baustelle etc. Wenn die Ergebnisse in der nächsten Schulstunde gesammelt worden sind, geht es an die Auswertung: Um wie viel Zeit verzögert vermutlich jene Baustelle das Einsatzfahrzeug? Um wie viele Meter wird der Weg zum Einsatzort länger, weil etwa beim Überholen die Fahrspur gewechselt werden muss? Was macht das Feuerwehrfahrzeug, wenn eine Ampel auf ROT steht? All die berechneten oder geschätzten Verzögerungen werden summiert und bewertet. Vermutlich kommt ein Intervall heraus. Auf dem Weg, wie wir ihn jetzt erkundet haben, braucht das Löschfahrzeug vermutlich mindestens x Minuten und höchsten y Minuten länger. Im Zuge der Bewertung wird überlegt, ob die untere Intervallgrenze x so groß ist, dass es als relevante Verzögerung eingeschätzt wird. Vermutlich wird in der Reflexion des Projektverlaufes auch deutlich, dass es Grenzen der Genauigkeit gibt, die aus der Praxis (der beobachteten Realität) ableitbar sind. Angenommen, es gelingt, die tatsächliche Fahrtrecke auf einen Meter oder gar ein Millionstel Millimeter genau zu bestimmen – was haben wir davon? Einen Meter legt das Fahrzeug in weniger als einer Sekunde zurück. Je nach Ampelphase (einfach bei GRÜN durchfahren oder ROT vorsichtig heranfahren und auf Querverkehr achten) ist der Zeitunterschied viel größer (vielleicht sogar eine Minute). Merke: Nicht die technischen Möglichkeiten des Taschenrechners, sondern die Praxis bestimmt die sinnvolle Genauigkeit! Das ist für die Lernenden eine wichtige Einsicht.

2.3 Verantwortung für Ergebnisse

Im üblichen Mathematikunterricht sind alle dafür verantwortlich, dass richtig gerechnet wird. Wer als Schülerin oder Schüler dieser Verantwortung nicht gerecht wird, muss mit schlechten Noten rechnen. Das ist durchaus ernst zu nehmen, aber von ganz anderer Qualität als jene Verantwortung, die daraus entsteht, eine reale Situation außerhalb der Schule durch eine Mathematisierung zu verändern. Das gilt nicht nur für die großen Veränderungen in Technik, Wissenschaft und Gesellschaft durch Profimodellierungen, die ich eingangs angesprochen habe, sondern auch durch die vergleichsweise sehr kleinen und bescheidenen mathematischen Modellierungen in der Schule. Wenn z. B. die tägliche oder jährliche Müllmenge durch Becher aus den Getränkeautomaten in der Schule berechnet wird, kann (und soll!) daraus auch ein Umdenken und eine Handlungskonsequenz folgen. Ähnliches gilt für ein Projekt zur Einschätzung und Vermessung von Geschwindigkeiten und Anhaltewegen von Fahrzeugen auf der Straße vor der Schule (Maaß 2018), das zur Verkehrserziehung beitragen soll. Ein Projekt zur Ernährung, in dem mit Kilokalorien gerechnet wird, soll selbstverständlich auch zur bewussteren Ernährung beitragen (Maaß und Siller 2012).

Das letztere Beispiel verweist noch auf eine andere Dimension von Verantwortung, die im realitätsbezogenen Mathematikunterricht immer dann auftreten kann, wenn sie nahe genug an die Lebenssituation der Lernenden kommt. Was machen Sie, wenn etwa Hubert und Helene deutlich übergewichtig sind und die Hinweise auf gute Ernährung in eine persönliche Angelegenheit der beiden zu kippen droht? Wenn am Ende der Rechnung herauskommt, wie viele Kilokalorien welcher Art in der Literatur als gesund und empfehlenswert beschrieben werden und jemand aus der Klasse ruft: „Nehmt euch das mal zu Herzen, ihr beiden! In jeder Pause stopft ihr ungesundes Zeug in Massen in euch rein!“ – Was würden Sie in einer solchen Situation tun?

Hier kann Ihnen die Nähe zur Realität zu groß, ja sogar bedrohlich werden. Leider ist die Realität, in der wir leben, nicht in allen Aspekten nett und freundlich. Deshalb kann realitätsnah immer auch bedeuten, dass die Thematisierung von Realität etwas nicht so Freundliches oder nicht so Angenehmes mitten in die Mathematikstunde bringt. Manche Lehrkräfte vermeiden solche Situationen, indem sie einfach keine realitätsnahen Themen behandeln. Andere überlegen vorher, dass sie die eher harmlosen Themen auszuwählen. Ganz konkret: Wer mit statistischen Methoden die optimale Verteilung von Minen rund um ein „feindliches“ Dorf irgendwo in Afrika modelliert, muss mit Bildern von Toten und verstümmelten Kindern rechnen. Wer die Menge des Plastikmülls oder die zu hohen Heizkosten bei schlecht isolierenden Fenstern in der Schule thematisiert, erwartet keine schrecklichen Bilder. Schlimmstenfalls droht Ärger mit dem Kostenträger der Schule, der gerade jetzt kein Geld für bessere Fenster ausgeben will oder kann.

Für Themen wie gesunde Ernährung gibt es nicht zufällig Beratung von außen. Wir Lehrenden müssen nicht alles wissen; wir können und dürfen ruhig auch einmal Hilfe von außen einladen, etwa eine Ernährungsberaterin oder einen Berater zu einem Gespräch in der Klasse als Abschluss eines kleinen Mathematikprojektes. Wer beruflich in diesem Feld beratend tätig ist, hat selbstverständlich auch Strategien, um mit unangenehmen Situationen wie der oben skizzierten mit Hubert, Helene und dem Zwischenrufer umzugehen. Wir schauen zu und lernen.

Haben Sie noch immer die Bilder der Kinder aus Afrika vor Augen? Mit Bildern von kranken oder hungernden Kindern sind meist Spendenaufrufe verbunden. Wofür aber kann gespendet werden, um den Einsatz von Mathematik für die Optimierung von Krieg und Tod zu verhindern? Gar nicht! Der Krieg ist der Vater aller Dinge, heißt es. Und die Mathematik trägt seit langer Zeit dazu bei. Denken Sie an den Zusammenhang von Geschoßflugbahnen und Analysis, an die vielen Berechnungen zum Bau der ersten Atombombe und an vieles andere (Raketen, Panzerungen, Radar, SDI,…). B. Booss hat vor ca. 30 Jahren geschrieben, dass etwa ein Drittel aller Mathematiker Rüstungsforschung betreiben (Booss-Bavnbek und Pate 1990). Sein Kriterium für die Zuordnung war die Finanzierung der Tätigkeit. Wer bei Boeing in der Abteilung arbeitet, die ein neues Kampfflugzeug entwickelt, kann einfach zugeordnet werden. Wer ein Drittmittelprojekt zur Verbesserung numerischer Methoden oder der Suche nach besonders großen Primzahlen finanziert bekommt, freut sich vermutlich über einen angenommenen Projektantrag, auch wenn das Geld aus dem Verteidigungsetat kommt. Das Militär denkt bei der Finanzierung vielleicht an effizientere Berechnung von Flugbewegungen in kürzerer Zeit oder an noch größere Sicherheit bei der Codierung. Die Zuordnung ist schon deshalb prinzipiell schwierig, weil Mathematik ein universelles Werkzeug ist: Zahlen können zu sehr unterschiedlichen Zwecken addiert werden. Es können also auch Menschen, die fern vom Militär an sehr reiner Mathematik forschen, einen wesentlichen Beitrag zur militärischen Forschung leisten – ohne es zu wollen. Das Argument ist noch stärker als das Ambivalenz – Argument für ein Messer, mit dem man Gemüse schneiden oder Leute verletzen kann. Das Messer ist nach der Konstruktion zum Schneiden gemacht. Der mathematische Beweis einer Aussage in der Mathematik ist auf keinem konkreten Anwendungszweck beschränkt, selbst dann nicht, wenn er aus einem konkreten Anwendungszweck erforscht wurde.

Für den Fall, dass Sie einmal „Mathematik und Krieg“ zum Thema machen wollen, noch ein Tipp: In Dürrenmatts „Die Physiker“[8] geht der Autor ebenso wie in einigen (schlechten) Science Fiction Filmen und Romanen aus den 60er Jahren des 20. Jahrhunderts davon aus, dass eine einzelne Person (ein „Mad Scientist“ in den Filmen) eine moralische Entscheidung zu treffen hat: Für oder gegen eine neue Waffe oder Technologie. Das trifft die Situation nicht. Zu bedenken ist einerseits, dass Waffen wie die Atombombe in Großforschungsprojekten gebaut wurden und werden. Viele Hundert Menschen arbeiten arbeitsteilig in einer straffen Organisation zusammen, in der nur die Spitze der Hierarchie weiß (oder zu wissen glaubt), was erforscht und gebaut werden soll. Zu bedenken ist andererseits, dass die allermeisten Mathematikerinnen und Mathematiker genau jene Menschen sind, mit denen wir zusammen studiert haben. Sie gehen zur Arbeit ins Büro, verbringen ihre Freizeit mit Familie und Freunden etc. Sie sind nicht die Monster aus einem Horrorfilm.

[8]https://literaturhandbuch.de/inhaltsangabe-die-physiker-von-friedrich-duerrenmatt/

3 Weshalb will ich realitätsbezogenen Mathematik unterrichten?

Wenn Sie diesen Text lesen, haben Sie bereits einen Entschluss gefasst. Weshalb ersuche ich Sie dann, sich noch einmal zu fragen, weshalb sie realitätsbezogen Mathematik unterrichten wollen? Zunächst möchte ich Sie ermutigen, selbst etwas auszuprobieren. Viele Menschen, die ich im Rahmen der Lehreraus- und -fortbildung dazu ermutigt habe, haben für sich einen neuen positiven und motivierenden Zugang zur Mathematik entdeckt. Neben den persönlichen Motiven (Abschn. 3.1) gibt es auch zwei objektive Motive, mit denen ich Sie vertraut machen will, falls Sie in Diskussionen mit Kolleginnen und Kollegen, Schülerinnen und Schülern oder Eltern Argumente brauchen. Einmal den Blick aus Sicht von Erwachsenen (Abschn. 3.2), der hilft, das Problem der Stofffülle anders zu sehen. Zum anderen das zentrale Argument fürs Modellieren im Mathematikunterricht (Abschn. 3.3). Modellieren ist eine übliche Methode der Wahrnehmung, also gar nicht ein Fremdkörper, der neu hinzukommt und die Stofffülle noch vergrößert.

3.1 Spaß an der Mathematik

Ja, Spaß ist erlaubt. Es ist nicht nur viel einfacher und gesünder, einen Beruf auszuüben, der Spaß macht. Es ist sogar sehr hilfreich, um Ihre Wirkung als Lehrkraft zu verbessern. Am stärksten wirken Sie als Vorbild. Wenn Sie Ihre positive innere Einstellung zur Mathematik in den Unterricht einbringen, geht das Lehren und Lernen viel besser.

Ich habe in Lehrveranstaltungen oft gehört, dass Studierende das Studium eher als Hindernis auf dem Weg zum gewählten Beruf empfinden. Manche haben große Schwierigkeiten mit der universitären Mathematik und quälen sich Prüfung

J. Maaß, *Realitätsbezogen Mathematik unterrichten*, essentials, https://doi.org/10.1007/978-3-658-30595-6_3

für Prüfung durchs Studium. Freude an Mathematik wird so nicht gefördert. Ich habe aber auch immer wieder erlebt, dass eben solche Studierende durch die Ausarbeitung von realitätsnahen Unterrichtseinheiten einen positiven Zugang zur Mathematik erleben konnten. Dazu einige Beispiele.

Eine Studentin hat als Thema für eine Stundenvorbereitung Höhenmessungen mit einem Stab als Anwendung der Strahlensätze gewählt. Erst schien ihr das mathematisch etwas zu einfach, dann hat sie angefangen, es auszuprobieren. Nach kurzer Zeit ging sie fröhlich mit einer Gruppe ihrer Freundinnen über das Gelände der Universität und hat mit ihnen zusammen nur zum Vergnügen gemessen, wie hoch Gebäude, Bäume etc. sind. Zur Kontrolle der Höhenmessung begannen sie, Verkleidungselemente der Fassaden zu zählen. Einmal mit Genauigkeitsfragen beschäftigt, untersuchte sie als Nächstes, welchen Einfluss auf das Messergebnis es hat, wenn der Stab beim Messen etwas schief gehalten wird. Und schon öffnete sich ihr das Tor zu anderen Bereichen der Mathematik (hier eine Funktion, die den Fehler in Abhängigkeit vom Winkel beschreibt). Sie hat mir mit großer Begeisterung von all dem und einigen weiteren Versuchen berichtet – und schließlich sogar eine sehr gute Examensarbeit dazu geschrieben.

Ein etwa 45-jähriger Lehrer hat im Rahmen einer Lehrerfortbildung die Frage zu beantworten versucht, weshalb Milchpackungen eine so sonderbare Form haben (die Sorte, die aussieht wie ein Quader mit einem Dach – Bilder und Details zur Antwort gibt es im Aufsatz von H. Böer 2018). Wer Mathematik studiert hat, weiß ohne langes Nachdenken, dass sich das Volumen von einem Liter mit minimalem Verbrauch von Verpackungsmaterial, also der geringsten Oberfläche, in einer Kugel verpacken lässt. Nun leuchtet schnell ein, dass Kugeln am wenigsten Verpackungsmaterial brauchen, aber für Transport und Lagerung nicht ideal sind. Also liegt es nahe, als ideale Verpackungsform Würfel zu erwarten. Die Industrie sieht das offenbar anders. Weshalb? Im Rahmen der Fortbildung haben wir Packungen ausgetrunken, aufgeschnitten und aneinandergelegt. Die realen Packungen ergeben eine fast durchgehende Fläche. Würfelnetze kann man nicht so aneinanderlegen – vor allem, wenn noch Klebeflächen für die Kanten berücksichtigt werden. Beim Durchrechnen stellte sich heraus, dass die reale Verpackung tatsächlich die Optimale ist. Der Lehrer, der sich an der Erarbeitung dieses Resultates sehr aktiv beteiligt hat, sagte zu meiner Überraschung in der Feedbackrunde, dass er soeben zum erstem Male in seinem Leben Mathematik als so praktisch und nützlich erlebt hat.

Ein Student erzählte, dass seine Eltern immer wieder darüber schimpfen, dass die Parkplätze für Behinderte so breit sind und so viel Platz in der Tiefgarage brauchen. Er fand einen Rollstuhlfahrer, der sich bei Ein- und Aussteigen aus seinem PKW fotografieren ließ und hatte so die Daten für eine Unterrichtseinheit (und ein Gespräch mit seinen Eltern).

Eine Studentin, deren Vater Bienenzüchter ist, hat eine Unterrichtseinheit vorbereitet, in der modelliert wurde, wie viele Bienen wie oft und wie weit fliegend müssen, um ein Glas Honig zu füllen.

All diesen und vielen ähnlichen Fällen ist eines gemeinsam: Durch eigenes Probieren fanden diese Menschen für sich einen neuen Zugang zur Mathematik. Sie haben mit großer innerer Motivation realitätsnahe Mathematik betrieben und diese Begeisterung – hoffentlich – auch an ihre Schülerinnen und Schüler weitergegeben.

3.2 Nachhaltigkeit

Wie bereits im Vorwort angedeutet, ist der langfristige Erfolg des Mathematikunterrichts übrigens nicht nur im deutschsprachigen Raum, sondern auch international[1] nicht so gut wie gewünscht. Das motiviert auf der einen Seite zur Veränderung des Mathematikunterrichts. Wenn es in all den Jahren trotz großer Anstrengungen nicht gelungen ist, den üblichen Mathematikunterricht erfolgreich zu machen, lohnt es sich vielleicht, bisher nicht so übliche Unterrichtsinhalte und Unterrichtsformen auszuprobieren. Realitätsbezogener Mathematikunterricht bietet da Chancen.

Die Forschungsergebnisse zur Nachhaltigkeit motivieren zur Änderung. Wenn die bewährte und gewohnte Art, mit der Stofffülle zu kämpfen, ohnehin nicht so erfolgreich ist wie gehofft, gibt das auch den Freiraum, mit den im Lehrplan aufgelisteten Stoffen anders als bisher umzugehen. Die Lehrpläne lassen Ihnen Interpretationsspielräume. Es kann für die Nachhaltigkeit durchaus förderlich sein, wenn Sie z. B. im Bereich der Bruchrechnung etwas weniger intensiv üben lassen und stattdessen ein Fahrrad mit Gangschaltung, also mehreren Zahnrädern bei den Pedalen und am Hinterrad mit ins Klassenzimmer nehmen. Dann können die Zähne an den Zahnrädern gezählt werden. Mit Hilfe von Brüchen kann nachgerechnet werden, wie die Übersetzung von vorn nach hinten ist, wenn z. B. vorn das zweite Zahnrad und hinten das dritte verwendet wird. Und wie schnell das

[1]Siehe http://alm-online.net/ – die Homepage der Internationalen Vereinigung „Adults Learning Mathematics".

Fahrrad fährt, wenn in einer bestimmten Kombination mehr oder weniger kräftig in die Pedale getreten wird[2].

3.3 Modellieren ist ein ganz normales Mittel zur Erkenntnis

In Diskussionen wird bisweilen so argumentiert, als sei Modellieren eine neue irgendwie exotische Tätigkeit, für die nun zusätzlich im Mathematikunterricht Platz geschaffen werden muss. Das ist nicht so. Im Alltag modellieren alle Menschen, um etwas wahrzunehmen oder zu tun. Sie nennen es nur nicht so. Dazu kann ich hier nur Beispiele nennen (mehr dazu in: Maaß 2015). Wenn ein Tischtennisball auf uns zugeflogen kommt, steuert unser Gehirn unsere Bewegung so, dass wir ihn über das Netz und auf die Platte zurückschlagen – und dabei hoffentlich auch noch einen Punkt machen. Dazu nutzt das Gehirn Erfahrungen mit Tischtennis und Erwartungen, wie sich der Ball bewegen wird. Mit anderen Worten: Unser Gehirn modelliert Flugbahnen (allgemeiner Bewegungen: Im Straßenverkehr, wenn wir in der Fußgängerzone gehen, ohne mit anderen zusammenzustoßen, …). Zudem hat unser Gehirn im Laufe der Jahre eine Vielzahl von Modellen für Typen von Objekten (Auto, Haus, Berg, Vogel, Baum, …) gelernt und gespeichert, die uns im Alltag sehr bei der Erkennung von ähnlichen Objekten helfen. Die gespeicherten Modelle bilden zugleich einen Filter für die aktive Wahrnehmung. Unser Auge schickt ja viel mehr Informationen ins Gehirn, als wir aktiv wahrnehmen und bewusst verarbeiten. Die gespeicherten und mit Attributen wie harmlos/gefährlich, bewegt sich schnell/gar nicht, … versehenen Modelle sind die Basis, auf der unser Gehirn blitzschnell für uns entscheidet, was wir überhaupt bewusst zur Kenntnis nehmen.

Wenn wir uns aufgrund der hier angedeuteten Argumente darauf einigen können, dass Modelle eine ganz wesentliche und alltägliche Rolle in unserer Wahrnehmung spielen, erscheint ihr Platz im Mathematikunterricht in neuem Licht. Wenn im Mathematikunterricht hauptsächlich nach vorgegebenen und einleitend erläuterten Algorithmen oder Lösungsstrategien etwas ausgerechnet wird, kommen sehr wichtige Aspekte des Modellierens überhaupt nicht vor. Welche?

Der **Ausgangspunkt:** Am Anfang steht immer ein Interesse, etwas besser zu verstehen oder zu verändern.

[2]UE 09–07-07 „Schalten mit Köpfchen", www.mued.de.

Ein **Ziel:** Geld sparen, Energie sparen, Umwelt schonen, schneller oder besser werden, mehr Kontrolle, exaktere Steuerung, …

Auswahl und Suche von **Daten,** Anforderungen an deren Qualität, Verlässlichkeit, Anzahl, Genauigkeit, …

Entscheidung über die Mathematik im Modell: Wählen wir z. B. für die Analyse der Flugbahn des Tischtennisballs ein Differenzialgleichungssystem (falls wir wissen, was das ist) oder eine lineare Näherung (falls wir mit weniger Aufwand und Genauigkeit zufrieden sind)? Offenbar hängt diese Entscheidung sehr davon ab, wer wir sind, was wir können und wie viel Zeit und andere Ressourcen zur Verfügung stehen.

Berechnungen Genauigkeitswünsche, Technologieeinsatz.

Interpretation der Ergebnisse In den Berechnungen können Fehler auftreten. Aber auch wenn wir – nach einer Überprüfung – davon ausgehen können, dass wir (mit Technologieunterstützung) alles richtig gerechnet haben, müssen wir mit dem Ergebnis nicht zufrieden sein. Häufig kommt die Unzufriedenheit daher, dass das Ergebnis nicht hinreichend aussagekräftig ist. Es beantwortet die Ausgangsfrage(n) nicht gut genug, sondern provoziert neue Fragen und Wünsche nach höherer Genauigkeit, mehr Aussagekraft etc.

Entscheidung über das weitere Vorgehen Wenn wir nicht Modellierungsprofis sind, die mit dem Modellieren ihren Lebensunterhalt verdienen, können wir die Sache einfach sein lassen, wenn wir keinen gangbaren Weg sehen. Vielleicht konzentrieren wir uns auch auf ein Teilziel, präzisieren die Zielsetzung, suchen nach einer besseren mathematischen Methode, besseren Daten, etc.

Wenn die Entscheidung gefallen ist, befinden wir uns nicht am selben Punkt, von dem aus wir gestartet sind. Deshalb ist auch irreführend, von einem „Modellierungskreislauf“ zu sprechen, wie es im Anschluss an W. Blum bei vielen Mitgliedern von ISTRON üblich ist. Wenn ich im Kreis laufe, mache ich letztlich keinen Fortschritt. Ich schlage deshalb vor, eher eine sich öffnende Spirale als Bild zu verwenden. Nach jedem Durchgang komme ich an einem Punkte, an dem ich entscheiden muss, ob und wie es weitergeht. Die Folge dieser Punkte soll zum (immer wieder modifizierten und präzisierten) Ziel führen – und nicht konstant auf der Stelle treten.

4 Wege vom „normalen" zum realitätsbezogenen Mathematikunterricht

Ich skizziere im folgenden Abschnitt drei Wege. Der erste und einfachste ist die Verwendung bereits vorliegender Unterrichtseinheiten. Der zweite ist die eigenständige Planung, z. B. unter Verwendung von aktuellen Materialen aus Zeitungen oder Zeitschriften (Statistiken mit leicht auffindbaren Fehlern werden oft gedruckt). Der dritte ist etwas abenteuerlicher: Schulbuchaufgaben werden umformuliert.

4.1 Vorschläge von Anderen verwenden

Für wissenschaftliche Arbeiten gibt es strenge Regeln, die verhindern sollen, dass Ideen oder Formulierungen aus Veröffentlichungen geklaut werden. Für Unterrichtsmaterialien gelten diese Regeln nicht! Im Gegenteil, wenn Sie mehr Ideen von anderen verwenden, machen Sie besseren Unterricht. Niemand hat so viele gute Ideen wie alle anderen zusammen, also kann auch die allerkreativste Lehrperson immer noch Ideen von anderen Lehrpersonen nutzen, ohne sich deshalb Ideenklau oder Faulheit oder sonst etwas vorzuwerfen. Wenn Sie etwas finden, das für eine bestimmte Altersstufe und ein bestimmtes Thema passt, müssen Sie jedoch noch genauer hinschauen, wie gut es passt. Was meine ich damit? Bestimmte Themen wie mathematikhaltige Spiele, ein Wettbewerb, wer den besten Papierflieger (Maaß und Berger 2020) baut, die Analyse eines Kunstwerkes (Maaß und Fellner 2020), zum goldener Schnitt und zu Perspektiven oder eines Musikstückes, das Verstehen der Berechnung von Sportwetten (Maaß und Siller 2018) etc. lassen sich nutzen. Sie sind orts- und zeitunabhängig realitätsnah.

J. Maaß, *Realitätsbezogen Mathematik unterrichten,* essentials,
https://doi.org/10.1007/978-3-658-30595-6_4

Andere Beispiele beruhen auf Materialien oder Situationen, die zu einem bestimmten Zeitpunkt oder an einem bestimmten Ort relevant waren oder sind. Wenn ein Stromanbieter in der Stadt X vor 25 Jahren einen Tarif angeboten hat, der nicht mit Mengenrabatt, sondern mit Preisnachlass bei geringerem Stromverbrauch zum Stromsparen motivieren sollte, war das zu der Zeit in der Stadt X ein spannendes Thema für den Mathematikunterricht. Weshalb aber sollte das Ihre Schulklasse in der Stadt Y heute interessieren? Wenn Sie den damals aufgeschriebenen Unterrichtsvorschlag zum Stromtarif nutzen wollen, müssen Sie schauen (oder besser: die Lernenden selbst schauen lassen), nach welchem Tarif heute in Ihrer Stadt Strom verkauft wird. Das kann ein sehr realitätsnaher Unterricht werden, in dem etwas fürs Leben gelernt wird! Aber es bedarf der Adaption, der Lokalisierung.

Dazu ein zweites Beispiel. E. Aschauer hat für die Fertigstellung ihrer Examensarbeit viel Zeit damit verbracht, eine Kirche in ihrer Nähe genau zu vermessen. In unserer gemeinsamen Zusammenfassung ist daraus ein Musterbeispiel für ein Unterrichtsprojekt geworden (Maaß und Aschauer 2020). Wenn Sie diesem Tipp folgen wollen, brauchen Sie also nicht samt Schulklasse nach Waldhausen in Österreich fahren, um dieselbe Kirche zu vermessen. Sie müssen aber – vielleicht auch gemeinsam mit Ihrer Schulklasse – ein geeignetes Gebäude aussuchen.

4.2 Eigene Vorschläge entwickeln

Nach meinen Erfahrungen und den Berichten vieler Lehrerinnen und Lehrer entstehen eigene Vorschläge oft durch eine Anregung aus der Welt, in der wir leben. Wer in einer Zeitung oder Zeitschrift eine offensichtlich manipulative Grafik entdeckt, kann sie vielleicht gleich für den nächsten Tag im Unterricht mitnehmen und dazu ein paar Arbeitsfragen bzw. Arbeitsaufträge überlegen: „Zeichnet diese Grafik als Balkendiagramm mit vollständigen Achsen. Vergleicht den optischen Eindruck beider Darstellungen der selben Daten!" Auf einmal werden aus optisch riesigen Unterschieden ganz kleine Unterschiede. Aha! Was soll uns diese Grafik also sagen?

Nicht selten gibt es in der Werbung auffallende Rechenfehler: 30 % Rabatt werden beworben, die aufgeschriebenen Preise verraten etwas Anderes. Ein Foto und ein Arbeitsauftrag „Was fällt auf?" beleben die nächste Unterrichtsstunde. Selbstverständlich ist in der nächsten Unterrichtsstunde Prozentrechnung gerade nicht offizielles Thema, aber so viel Zeit muss sein. Überraschen Sie die Lernenden mit solch kleinen Zusatzaufgaben aus dem Alltag – es wird Ihnen auch selbst Freude machen! Wenn Sie mehr Beispiel dieser Art sehen wollen, schauen Sie unbedingt auch in das Buch von W. Herget und D. Scholz „Die etwas andere Aufgabe – aus der Zeitung“ (1998).

Viele Unterrichtsvorschläge entstehen dadurch, dass jemand etwas Mathematikhaltiges mit Intensität und Sachverstand und Neugier betreibt. Nehmen wir das Beispiel „Hausbau“. Irgendwo am Stadtrand wird eine landwirtschaftliche Nutzfläche in Bauland umgewidmet. Die Fläche war nicht quadratisch. Wie und mit welcher Genauigkeit werden die Parzellen eingeteilt? Welcher Anteil wird für Zufahrtswege und Parkplätze benötigt? Wenn die eigene Parzelle gekauft ist, muss vielleicht Erde bewegt werden, um eine ebene Fläche (mit geringem Gefälle für das Regenwasser) zu erreichen? Brauchen wir zusätzliche Erde, um das Gesamtniveau etwas zu heben? Wie hoch dürfen wir hinaus? Wie steht es mit dem Bauplan? Welche Fläche sollen die gewünschten Räume haben? Wie ist die ideale Anordnung unter Berücksichtigung von Himmelsrichtungen und geplanten Nutzungen? Wenn die Räume geplant sind, geht es um Bodenbeläge, Wände und Decken. Nicht zuletzt geht es bei allen Eigenheimbauten ums Geld: Wie gelingt die Finanzierung?

Ein anderer Zugang ist ein Hobby: Modelleisenbahnbau, Schifahren, Wandern, Radeln, Fernreisen, Kochen, Backen, Schneidern, Garten, … überall steckt Mathematik drin. Manchmal wird sie bewusst genutzt, manchmal nicht. Wer aus dem eigenen Hobby etwas für den besonders motivierenden realitätsbezogenen Mathematikunterricht gewinnen will, muss lernen, mit den „mathematischen Augen“[1] hinzuschauen. Eine Adaption des irischen Projektes in Linz und Umgebung erwies sich übrigens als sehr erfolgreich. Einige Hundert Schülerinnen und Schüler setzten sich eine Mathe-Brille auf und betrachteten ihre Umwelt mit mathematischen Augen (vgl. Androsch et al. 2015).

4.3 Schulbuchaufgaben umformulieren

Was soll denn daran abenteuerlich sein? Schulbuchaufgaben werden in einer ganz besonders präzisen Sprache formuliert, die voller Schlüsselworte ist, die dabei helfen sollen, aus einem Text genau die Informationen herauszufiltern, die gebraucht werden, um den Aufgabentyp, der zurzeit geübt werden soll, an der richtigen Stelle mit den richtigen Angaben zu füllen. Auf der Metaebene,

[1] http://www.haveyougotmathseyes.com/

so lernen die Kinder, können sie ihren Lösungsansatz an Kriterien wie diesen überprüfen: Habe ich alle Angaben verwendet? Habe ich mithilfe der Wörter in der Textaufgabe die Zahlen den richtigen Variablen zugeordnet? Fehlt mir eine Angabe für meine Formel? Dann habe ich vermutlich die falsche Formel. Außerdem müssen wir uns dazu ins Gedächtnis rufen, dass seitens der Verlage (Platz sparen!) und des vielfachen Wunsches der Lernenden (nicht so lange Texte!) einiger Druck auf die Autorinnen und Autoren der Aufgaben ausgeübt wird. Nicht zuletzt gibt es nicht nur positive Rückmeldungen von Lehrerinnen und Lehrern sowie aus der Didaktik.

Wenn Sie also Schulbuchaufgaben ändern – wie ich es gleich vorschlage – kann der Eindruck entstehen, dass Sie Produkte einer hoch entwickelten Kunstform beschädigen. Lassen Sie sich nicht abhalten. Erste Übung: Lassen Sie einfach eine Angabe weg. Nehmen wir an, die Aufgabe im Schulbuch lautet: Erna bekommt zum 10. Geburtstag 2000 EUR geschenkt. Ihre Eltern eröffnen für sie damit ein Sparbuch mit 3 % jährlicher Verzinsung, das nach 10 Jahren ausgezahlt wird. Wie viel Geld ist das zu ihrem 20. Geburtstag?

Jetzt stellen Sie bitte die Aufgabe ohne den mittleren Satz und fügen bei Bedarf ganz am Ende hinzu: „wenn sie nichts davon ausgibt". Was passiert? Die Lernenden merken schnell, dass sie nicht wie geübt rechnen können, weil der Zinssatz fehlt. Also werden die Lernenden Sie danach fragen. Was machen Sie dann? Geben Sie die Frage zurück! Lassen Sie die Kinder schätzen, bei einer Online Bank nachschauen oder selbst zur Bank gehen. Überraschung? So wird aus einer „harmlosen" Textaufgabe zum Üben eine realitätsnahe Aufgabe mit Lerneffekt fürs Leben. Lassen Sie die Lernenden die Schätzungen und Angebote vergleichen und bewerten.

Ein mögliches Hindernis auf dem Weg zur Lebenshilfe in Sachen Geld sei noch erwähnt: Wenn ein Schüler oder eine Schülerin ein anderes Angebot als ein einfaches Sparbuch in die Stunde mitbringt, mag es schwierig werden, die Angebote zu vergleichen. Denn im alternativen (aus der Sicht der Bank vermutlich viel besseren) Angebot steht vermutlich einiges an Text; vielleicht geht es um (Depot-)Gebühren, Provisionen oder Versicherungen, vielleicht um Haftung und Risiken. Wer übersetzt einen solchen Text ins Lesbare und Verständliche? Alle Menschen, die bei Geldanlagen nicht einfach ihrer Bank vertrauen wollen, müssen in der Lage sein, solche Texte zu lesen. Wie bei allen Entscheidungsfragen in unserer hochkomplexen, arbeitsteiligen Gesellschaft muss die Entscheidung „Vertrauen oder selbst durchschauen?" gefällt werden. Und wer befähigt die Menschen dazu? Natürlich die Schule (oder erst das Leben?). Wenn die Schule dazu befähigen soll, das Kleingedruckte in Verträgen, die Geld betreffen, zu lesen und zu verstehen – wer in der Schule ist zuständig? Der

Deutschunterricht? Die Wirtschaftskunde (wenn sie unterrichtet wird)? Ein Extrakurs „Basiswissen in Vertragswesen aus juristischer Sicht“? Sie ahnen es schon: Alle Kolleginnen und Kollegen aus den anderen Unterrichtsfächern meinen, der geeignete Platz ist der realitätsbezogene Mathematikunterricht. Das Lesen und Verstehen mathematikhaltiger Texte gehört dazu. Diese Text sind leider nicht wie Schulbuchaufgaben extra dafür geschrieben, leicht verständlich zu sein und schnell und eindeutig in eine Formel oder Rechnung übersetzt zu werden. Aber auch hier gibt es Unterschiede zwischen einfachen Texten und komplizierten Vertragswerken aus dem Gesellschaftsrecht. Mit anderen Worten: Es ist ebenso ratsam wie möglich, mit einfachen Beispielen zu beginnen.

Eine andere Art Abenteuer können Sie erleben, wenn Sie zusätzliche Angaben in die Aufgabe schreiben, die gar nicht benötigt werden. Im Beispiel: Ernst und Erna sind Zwillinge. Er bekommt zum 10. Geburtstag 2200 EUR geschenkt und sie 2000. Ernas Eltern eröffnen für sie damit ein Sparbuch mit 3 % jährlicher Verzinsung, das nach 10 Jahren ausgezahlt wird. Wie viel Geld ist das zu ihrem 20. Geburtstag?

Offenbar ist die notwendige Rechnung gleich geblieben. Lassen sich Ihre Schülerinnen und Schüler durch die zusätzliche Information über den Zwillingsbruder verwirren? Fällt auf, dass Ernst deutlich mehr Geld erhält? Was antworten Sie, wenn Sie nach Gründen gefragt werden? Versuchen Sie folgende Erklärung: Die Eltern wollen ihren Kindern ein realitätsnahes Bild unserer Gesellschaft vermitteln, in der bekanntlich Frauen für dieselbe Leistung deutlich schlechter bezahlt werden[2]. Vielleicht erleben Sie dann eine deutlich höhere und emotionalere Beteiligung der Lernenden und einen Elternbesuch – ein echtes Abenteuer!

Sehr lehrreich kann es auch sein, wenn Sie ab und zu mal eine Aufgabe so umformulieren, dass sie eine „Kapitänsaufgabe“ (S. Baruk 1998) wird. „Auf einen kleinen Fähre setzen drei Gruppen von Radfahrern über die Donau. Eine umfasst 12 Personen, eine 8 und eine 17. Wie alt ist der Kapitän?“ Testen Sie bitte einmal, wie viele Ihrer Schülerinnen und Schüler „37 Jahre“ antworten. Wenn der Prozentsatz sehr hoch ist, deutet das vielleicht auch darauf hin, dass die Lernenden nicht gewohnt sind, die Ergebnisse ihrer Berechnungen noch einmal aus realistischer Sicht zu betrachten. Das mag für die Lösung typischer Schulbachaufgaben nicht so notwendig sein, für die Anwendung von Mathematik im realen Leben ist es unerlässlich.

---

[2]Stichwort für eine interessante Unterrichtseinheit ist der Equal Pay Day – https://de.wikipedia.org/wiki/Equal_Pay_Day.

5 Welche Mittel oder Voraussetzungen werden benötigt?

Die wichtigste Voraussetzung von allen ist Ihre positive Einstellung zum realitätsbezogenen Mathematikunterricht. Mit dieser Voraussetzung geht alles andere leicht. Was ist „alles andere"?

In der Realität sind die auftretenden Größen und Daten nicht wohl sortiert und so aufbereitet, dass sich schöne runde Zahlen leicht addieren oder multiplizieren lassen. Nutzen Sie also technologische Möglichkeiten, damit das Rechnen nicht zum Hindernis wird. Viele Modellierungen lassen sich auch mithilfe einer Grafik, die vom Computer erstellt wird, leichter verstehen und interpretieren. Nicht zuletzt geht es mit Technologie viel leichter, Varianten auszurechnen: Wie ändern sich die Ergebnisse, wenn die Daten mit ein oder fünf Prozent Genauigkeit gegeben sind? Wie ändern sich die Pläne für die Hausfinanzierung, wenn es zwischendurch auf einmal 5 % oder mehr Inflation gibt?

Machen Sie sich mit offeneren Unterrichtformen vertraut. Auf der Suche nach Erklärungen bietet sich oft an, arbeitsteilig in Gruppen verschiedene Varianten durchzurechnen oder verschiedene Aspekte genauer anzuschauen. Lernen Sie, die Gruppenarbeit zu organisieren und die Ergebnisse zu überprüfen, ohne alles selbst zu rechnen (z. B., indem sie zwei oder mehr Gruppen mit derselben Arbeit betrauen, die sich wechselseitig überprüfen).

Versuchen Sie nicht, alle auftretenden Fragen selbst zu beantworten. Organisieren Sie Arbeitsprozesse, in denen die Lernenden selbst Antworten finden – nachdem sie darüber nachgedacht haben, ob diese Frage der Mühe für eine Antwortsuche überhaupt wert ist.

Falls Ihnen diese Art des Unterrichtens zu fremd vorkommt, suchen Sie eine passende Fortbildung oder den Erfahrungsaustausch mit Kolleginnen und Kollegen, die es schon probiert haben – z. B. am Rande einer MUED – Tagung oder einer anderen Fortbidung.

J. Maaß, *Realitätsbezogen Mathematik unterrichten*, essentials,
https://doi.org/10.1007/978-3-658-30595-6_5

Viele Mathematiklehrerinnen und -lehrer argumentieren in Gesprächen und Forschungsinterviews zum Thema offene Unterrichtsmethoden, dass sie gern mehr in dieser Richtung tun würden, aber die Zeit fehlt. Effizient und zeitsparend ist nach ihrer Einschätzung Unterricht, in dem sie die Regie führen, in wohlüberlegtem Vortrag Mathematik erläutern und Zwischenfragen dazu beantworten, um das Verständnis zu fördern. Offene Unterrichtsformen kosten aus dieser Sicht mehr Zeit, weil damit auch mehr inhaltliche Offenheit, mehr Abweichung vom geraden und richtigen Weg ins Ziel einhergeht. Auch wenn die hier skizzierte Sicht unter Mathematiklehrerinnen und -lehrern sehr weit verbreitet ist, muss ihr energisch widersprochen werden. Denn in dieser Sicht wird zwischen „gelehrt" und „gelernt" nicht unterschieden. Lernen findet im Kopf der Kinder statt; Lehrerinnen und Lehrer können und sollen so gut es geht dazu beitragen, Lernprozesse in den Köpfen der Kinder zu initiieren und zu unterstützen. Gut verständliche Informationen gehören ohne Zweifel dazu, sind aber nicht das Wichtigste. Aus Sicht vieler Lehrenden verläuft der Lernprozess wohlgeordnet und auf dem richtigen Weg, wenn er durch die Lehreraktivität zielgerecht gesteuert und mit den richtigen Informationen zur richtigen Zeit begleitet wird. Lernprozesse in den verschiedenen Köpfen verlaufen jedoch individuell und manchmal sehr chaotisch. Eine von außen kommende, aufgezwungene Ordnung hilft da nicht unbedingt. Das passende Maß an Freiheit im offenen Lernprozess gibt größere Chancen auf nachhaltigen Lernerfolg.

Merke Ein Wechsel von Unterrichtsmethoden erhöht die Chance auf nachhaltigen Lernerfolg. Offene Unterrichtsformen sind nicht ein Luxus, der genossen werden kann, wenn es mal nicht so effizient sein muss, sondern eine Notwendigkeit.

6 Welchen Aufwand kostet die Unterrichtsvorbereitung?

Wenn Sie beginnen, realitätsbezogenen Mathematikunterricht durchzuführen, werden Sie wie alle anderen Lehrerinnen und Lehrer vor Ihnen in derselben Situation bald zur Einsicht gelangen, dass diese Art von Unterricht nicht nur zu besonderen Erfolgserlebnissen führt, sondern auch zu vermehrter Arbeit für die Unterrichtsvorbereitung. Sie wissen schon: Je weiter Sie sich vom Schulbuch und anderen schon vorbereiteten Unterlagen für den Unterricht entfernen, desto mehr Arbeitszeit müssen Sie für die Unterrichtsvorbereitung investieren. Wenn es sich zudem um eine ungewohnte Art von Unterricht handelt, hilft die Routine in der Unterrichtsvorbereitung weniger als bei mehr vertrauten Arten von Mathematikunterricht.

Die folgenden drei Tipps sollen Ihnen dabei helfen, die notwendige Arbeit zu reduzieren. Ich weiß natürlich nicht, wie Sie bisher gearbeitet und Ihren Unterricht vorbereitet haben. Deshalb kann es sein, dass Ich Ihnen nun – wie auch an anderen Stellen in diesem Essential – etwas rate, was Sie ohnehin schon seit langem tun. In diesem Fall bitte ich Sie, die Tipps einfach als Bestätigung Ihrer Praxis aufzufassen.

Tipp 1 betrifft den Umfang oder die Vollständigkeit der Vorbereitung. Ich kenne viele Lehrerinnen und Lehrer, für die es Ehrensache ist, sich im Zuge der Unterrichtsvorbereitung ganz genau zu überlegen, welche Inhalte in einer Stunde vorkommen können und welche Lösungen für die gestellten Aufgaben gelten. Das klingt nach mehr Aufwand als es tatsächlich ist, wenn in der vorzubereitenden Stunde auf der Grundlage eines Schulbuches und eines Buches mit den Lösungen der Aufgaben aus dem Schulbuch Aufgaben geübt werden sollen. Im Unterschied zu einer solchen Stunde steigt der Aufwand erheblich, wenn offener realitätsbezogener Mathematikunterricht geplant werden soll, in dem die Schülerinnen

J. Maaß, *Realitätsbezogen Mathematik unterrichten*, essentials,
https://doi.org/10.1007/978-3-658-30595-6_6

und Schüler mitbestimmen, ob ein weiterer Modellierungsversuch mit neuen Annahmen oder zusätzlichen Daten gestartet werden soll oder nicht. Wenn die Lehrkraft in einem solchen Unterricht alle möglichen Fragen und Ideen zur Modellierung vorausplanen und Ergebnisse von Berechnungen schon vorher ausgerechnet haben will, steigt der Arbeitsaufwand kaum überschaubar stark an. Aus meiner Sicht kann eine sinnvolle Konsequenz nur daraus bestehen, die Art der Vorbereitung und des Unterrichts zu ändern. Konzentrieren Sie ihre Vorbereitung auf die grundsätzliche Vorüberlegung und arbeiteten Sie dann im Projekt mit der Klasse zusammen. Dadurch ändert sich ihre Rolle als Lehrkraft: Sie sind nicht mehr zugleich für alle inhaltlichen und organisatorischen Aspekte verantwortlich, müssen nicht alle Fragen sofort richtig und vollständig beantworten und konzentrieren sich darauf, den Schülerinnen und Schülern zu helfen, selbst die Fragen zu stellen und zu beantworten und die dazu notwendigen Daten zu beschaffen.

Ausgangspunkt der Unterrichtsvorbereitung ist die Überlegung „Passt diese Fragestellung aus der Realität prinzipiell in diese Klasse?". Dabei stehen zwei Aspekte im Vordergrund, der thematische und der curriculare Bezug: die zur Modellierung notwendige Mathematik soll zum Stoff für diese Klasse gehören. Die Einschätzung der Motivationskraft eines Themas aus der Realität ist bisweilen schwierig. Ich nehme an, dass die meisten Schülerinnen und Schüler ein Handy oder Smartphone verwenden und möglichst wenig dafür zahlen wollen. Also schließe ich daraus, dass Handytarife für sie ein objektiv relevantes und motivierendes Thema sind, wenn nicht ohnehin schon alle einen Pauschaltarif (Flat-Rate) zahlen. Treffen objektive und subjektive Relevanz zusammen? Am besten fragen Sie einfach die Lernenden!

Sie können aber auch aktiv etwas tun, um subjektive Relevanz zu fördern. Sind Ihre Schülerinnen und Schüler an Stromtarifen interessiert? Sie und ich wissen es nicht so genau. Für uns ist es ein relevantes Thema, weil wir laufend Stromrechnungen bezahlen. Gelingt es Ihnen zu Beginn einer Unterrichtssequenz zu Stromtarifen, den Schülerinnen und Schülern zu verdeutlichen, dass sie selbst bald Stromrechnungen zahlen werden und deshalb das Thema für sie wichtig ist? Oder versuchen Sie, die Lernenden dadurch zu motivieren, dass Sie sie bitten, jemandem zu helfen, sich im Tarifdschungel zurechtzufinden? Dazu kann eine kleine Geschichte als Rahmen hilfreich sein, etwa die von der netten Nachbarin, die ein Angebot von einem neuen Stromanbieter bekommen hat, das sie nicht versteht. Was rät ihr die Schulklasse: Soll sie den Anbieter wechseln?

Im Hinblick auf die Themenfindung bei größeren Projekten möchte ich noch darauf hinweisen, wie schwer es ist, Themen zu finden (oder von den Lernenden zu hören), die alle wirklich interessieren. Mir scheint, das ist eine zu hohe Anforderung – das geht nicht. Aber wenn im Laufe eines Schuljahres unterschiedliche Themen für den realitätsbezogenen Mathematikunterricht gewählt werden, sollte es gelingen, verschiedene Interessen verschiedener Teilgruppen anzusprechen. Im Idealfall hatten alle Schülerinnen und Schüler mindestens ein Thema aus dem für sie persönlichen relevanten Bereich.

Der **Lehrplanbezug** bzw. die Frage nach den mathematischen Mitteln, die für die Behandlung eines realitätsnahen Themas notwendig sind, ist offensichtlich ein ganz wichtiger Bestandteil der Unterrichtsvorbereitung durch die Lehrkraft. An extremen Beispielen wird das besonders klar: Das Nachrechnen eines Kassenbons oder einer Rechnung aus dem Gasthaus erfordert Additionen von Dezimalzahlen mit zwei Stellen hinter dem Komma, bei Tarifen geht es hauptsächlich um Lineare Funktionen und Gleichungen und zur Optimierung des Profils von Winterreifen für Automobile braucht man Mathematik, die deutlich über dem Schulniveau steht. In solchen Fällen ist es nicht schwer, eine ungefähre Zuordnung zur passenden Schulstufe zu finden. Viel schwieriger sind die Zuordnungen in Fällen, in denen der mathematische Inhalt zweier möglicher Projektthemen ähnlich ist oder die zur Modellierung nötige Mathematik in den Lehrplänen verschiedenen Schulstufen zugeordnet wird (oder nicht: der zeitlich frühere Teil ist einfach „Wiederholung"). Diese Entscheidung fällt ebenso wie die gesamte Vorbereitungsarbeit wesentlich leichter, wenn bereits Erfahrungen mit der Behandlung dieser Thematik im Mathematikunterricht vorliegen. Darum geht es im folgenden Tipp.

Tipp 2 Nutzen Sie Literatur und Internetquellen, Erfahrungen anderer Mathematiklehrerinnen und -lehrer zur Erleichterung der Unterrichtsvorbereitung! Dieser Tipp ist mir so wichtig, dass ich ihn nach Abschn. 4.1 hier zum zweiten Mal schreibe.

Tipp 3 betrifft die Kooperation mit anderen Lehrerinnen und Lehrern. Eine Kooperation kann in verschiedenen Richtungen sinnvoll sein, einmal mit anderen Mathematiklehrerinnen und -lehrern von anderen Schulen und zum anderen mit Lehrerinnen und Lehrern anderer Unterrichtsgegenstände bzw. Fächer an der eigenen Schule. Ich habe aus vielen Schulen gehört, dass es nicht immer einfach und sogar z. T. völlig unüblich ist, an einer Schule zu kooperieren und höre genauso aus anderen Schulen Beispiele für gelungene Zusammenarbeit, von denen Lehrerinnen und Lehrern mit großer Begeisterung berichten. Ich kenne die Situation an Ihrer Schule nicht und kann deshalb keinen persönlichen Rat geben. Ich kann aber aus den positiven Erfolgsberichten einen Aspekt aufschreiben, der immer wieder herausgeklungen ist: Wir haben einfach mit einem konkreten kleinen Projekt angefangen … Dann wuchs mit den gemeinsamen Erfahrungen auch die Qualität der Kooperation.

Fast nur Positives habe ich hingegen über die schulübergreifende und fachspezifische Kooperation gehört. Gerade jene Mathematiklehrerinnen und -lehrer, die sich an ihrer Schule isoliert fühlten, weil sie nach ihrer eigenen Einschätzung die einzigen an ihrer Schule waren, die den Mathematikunterricht verbessern wollten, haben es sehr oft als sehr positiv erlebt, genau solche Mathematiklehrerinnen und -lehrer von anderen Schulen zu treffen, denen es ganz ähnlich geht. Wie finden Sie solche Kolleginnen oder Kollegen? Ich nenne zwei gute Möglichkeiten, einmal Veranstaltungen zur Lehrerfortbildung (dort treffen sich oft die Engagierteren aus einer Region) und die Mitarbeit in regionalen Arbeitsgemeinschaften.

Noch eine Anmerkung zur **Lehrerfortbildung:** Mir ist bewusst, dass ich da ein sehr schwieriges Thema anspreche. In Oberösterreich haben maximal 20 % der Mathematiklehrerinnen und -lehrer überhaupt schon einmal eine Lehrerfortbildung besucht. Von denen, die teilnehmen, höre ich oft, dass sie es hauptsächlich tun, um soziale Kontakte zu pflegen (z. B. ehemalige Studienkolleginnen und -kollegen zu treffen oder Informationen aus erster Hand über die Situation an anderen Schulen zur Vorbereitung eines Schulwechsels zu erhalten), Inhaltlich sei es meist sehr interessant, aber im eigenen Unterricht nicht umzusetzen. Auch mir scheint es sehr wichtig, Lehrerfortbildung mit dem Ziel der Nachhaltigkeit neu zu organisieren. Ein gutes Vorbild ist hier Irland. Dort gibt es ein nationales Zentrum[1], in dem Bedarf an Fortbildung erforscht wird, Fortbildung strategisch geplant wird (inhaltliche Ausrichtung, Kurskonzepte, Ausbildung der Multiplikatorinnen und Multiplikatoren,…) und die Fortbildung organisiert und evaluiert wird.

Für den Fall, dass es an Motivation zur Fortbildung fehlt, berichte ich von einer intensiven Diskussion mit einem Chirurgen aus dem Unfallkrankenhaus in Linz, der zu meinem Bekanntenkreis gehört. Er hat mir berichtet, wie selbstverständlich Fortbildung zu seinem Beruf gehört. Operiert und berät er nicht nach dem aktuellen Stand der Medizin, drohen unmittelbar rechtliche Konsequenzen. Er fragte mich, ob ich jemals von Lehrern gehört hätte, die von Eltern verklagt werden, weil sie die Kinder nicht nach dem aktuellen Stand der Wissenschaft

[1]https://epistem.ie/

unterrichten, sondern nach dem Stand, den sie vor Jahrzehnten im Studium gelernt haben. Nun möchte ich auf keinen Fall, dass die Rechtsprechung noch mehr Einfluss auf die Schule nimmt. In Medizin wie Pädagogik trägt – da konnten der Arzt und ich schnell Einigkeit erzielen – etwa die wachsende Dokumentationspflicht im Hinblick auf mögliche Klagen wenig zu den eigentlichen Zielen bei; sie beschäftigt medizinisches wie pädagogisches Personal stark und lenkt von zentralen Aufgaben ab. Ich wünsche mir eine strategisch wirksame Lehrerfortbildung, die auch von Lehrerinnen und Lehrern als hilfreich erkannt und genutzt wird.

7 Mit welchen Überraschungen kann ich rechnen?

Manche Menschen lassen sich gern überraschen, andere nicht (und schon gar nicht im Unterricht). Viele mögen zwar ein wenig Abenteuer, möchten aber vorher wissen oder zumindest abschätzen können, was eventuell passieren kann. Bei einer solchen Abschätzung helfen Erfahrungen anderer Lehrkräfte, wie ich sie im Folgenden zusammenfasse.

Die gute Nachricht zuerst: Ich habe von vielen Lehrkräften Berichte gehört, nach denen zu ihrem Erstaunen sonst im Unterricht eher stille, desinteressierte und leistungsschwache Schülerinnen und Schülern sehr engagiert und kompetent mitgewirkt haben. Einige Beispiele dazu: Eine Schülerin, die offenbar sehr musikalisch begabt und gebildet war, wurde zur tragenden Säule eines Projektes, in dem ein Monochord[1] gebaut wurde. Die Saitenlänge bestimmt die Tonhöhe, das Programm *Audacity*[2] hilft beim Stimmen.

Ein fußballbegeisterter Schüler taute richtig auf, als anlässlich einer Meisterschaft Wettquoten für Sportwetten berechnet wurden (Maaß, Siller 2018).

Ein Student wurde von seinem Vater gebeten, eine Sonnenuhr im Garten richtig aufzustellen und stellte fest, dass ihm die dazu notwendige Geometrie nicht hinreichend vertraut war. Er arbeitete sich hoch motiviert ein, fragte erst einen Hobbyastronomen und dann bei der Sternwarte. Schließlich schrieb er dann alles als realitätsbezogenes Projekt für einen fächerübergreifenden Mathematikunterricht in einer Examensarbeit auf. Aus einer Idee am Rande wurde ein Projektvorschlag, den Sie aufgreifen können, der Bau einer Taschensonnenuhr (Maaß, Hohl 2020).

---

[1]Ein Monochord ist einseitiges Musikinstrument, also eine Saite, die auf einem Brett oder Besenstil befestigt werden kann – vgl.: https://de.wikipedia.org/wiki/Monochord.

[2]https://www.audacity.de/

J. Maaß, *Realitätsbezogen Mathematik unterrichten*, essentials,
https://doi.org/10.1007/978-3-658-30595-6_7

Negative Überraschungen können auftreten, wenn ein Projekt besonders gut läuft. Die Neugier ist geweckt, die Mitarbeit ist intensiv, zusätzliche Fragen scheinen wichtig und mit den vorhandenen Möglichkeiten beantwortbar. Doch plötzlich geht es nicht weiter, etwa, weil die benötigten Daten nicht frei zugänglich sind. Vielleicht wird auch eine Expertin von außen befragt und weist darauf hin, dass in der Projektanlage ein wichtiger Aspekt übersehen wurde. Oder es wird Ihnen klar, dass die mathematische Modellierung viel einfacher ginge, wenn Mathematik benutzt würde, die in dieser Klasse noch nicht gelernt wurde. Im Idealfall kann daraus die Motivation erwachsen, neue Mathematik zu lernen. Nehmen wir an, Ihre Klasse ist im Zuge eines kleinen Projektes zum Thema Schulden oder Sparen über den Begriff „Wertstellung" gestolpert. Es kommt nicht nur darauf an, das geliehene Geld zurückzuzahlen, sondern auch darauf, in welcher Weise die Bank registriert, zu welchem Zeitpunkt es eingezahlt wurde. In diesem Fall ist es wichtig, auch tägliche Verzinsung nachrechnen zu können, wenn man die Kontoauszüge von der Bank nachrechnen will. Nun kennt Ihre Klasse – so die weitere Annahme – bisher nur die Formel für jährliche Verzinsung. Diese Formel ist in dieser Situation offenbar zu ungenau. Nun ergibt sich die seltene Gelegenheit, in Gemeinschaftsarbeit in der Klasse aus der Formel für jährliche Verzinsung jene für die tägliche Verzinsung herzuleiten. Welch eine Freude ist es, wenn eine neue Formel nicht vor gelangweiltem Publikum von der Lehrkraft an die Tafel geschrieben wird, sondern von eben diesem Publikum mit Eigeninteresse gefordert und entwickelt wird!

Bisweilen kann es sein, dass Sie als Mathematiklehrkraft merken, dass Mathematik aus der Oberstufe zur besseren Erkenntnis beitragen könnte. Bei einer längerfristigen Geldanlage oder einem großen Kredit mit regelmäßigen Rückzahlungen hilft eine passende Exponentialfunktion schneller einen Überblick zu gewinnen als eine Wertetabelle mit vielen Zahlen. Nun müssen Sie entscheiden. Behalten Sie Ihr Wissen für sich oder versuchen Sie etwas Neugier auf weitere Mathematik zu pflanzen, aus der dann viel später eine prächtige Pflanze werden kann?

Wenn Sie zu dem Typ Lehrkraft gehören, die stolz darauf ist, alle im Unterricht auftretenden Fragen sofort und richtig beantworten zu können, droht Ihnen im realitätsbezogenen Mathematikunterricht eine reale Gefahr. Es gibt einfache Fragen zur Realität, die auch mit einschlägigem Studium nicht einfach zu beantworten sind. Nehmen wir im angedeuteten Projekt über Sparen oder Kredite an, die Inflation solle berücksichtigt werden. Schließlich wollen wir wissen, wie viel Geld am Ende real herauskommt, nicht wahr? Nun fragt ein Schüler: „Was ist eigentlich Inflation?“ Das Phänomen der Geldentwertung lässt sich mit Prozentrechnung gut beschreiben, die Ursachen für Inflation nicht. Dazu gibt es viel volkswirtschaftliche Theorie. Auch ein Autor eines Lehrbuches für Volkswirtschaft kann die Frage nicht mal kurz beantworten. Also sind Sie selbstverständlich entschuldigt, wenn Sie die Frage zurückgeben und sagen: „Schaut doch mal bis zur nächsten Stunde im Lexikon oder Internet nach. Wir tragen dann die Antworten zusammen.“ Nicht selten stellt sich in der nächsten Stunde heraus, dass sich niemand mehr für die Frage interessiert – auch nicht die Person, die die Frage gestellt hat. Immer wieder berichten mir Lehrkräfte, dass gerade die „Was ist denn eigentlich …?“ – Fragen mit strategischer Absicht gestellt werden. Sie beschäftigen auskunftsfreudige Lehrerinnen und Lehrer und bringen sie zudem sehr zur Freude der ganzen Klasse ins Schwitzen.

Eine andere negative Erfahrung machen Sie, wenn Sie merken, dass das ursprüngliche Interesse an einer Fragestellung schnell nachlässt, obwohl die Frage noch gar nicht beantwortet ist. Im Extremfall sind auf einmal Sie ganz allein im Projekt engagiert. Mein Tipp: Lassen Sie das weitere Projekt auch ohne Ergebnis offen, bis Sie durch eine Rückmeldung aus der Klasse herausgefunden haben, woran es lag. Oft liegt es an einem gruppendynamischen Prozess, ausgelöst dadurch, dass wichtige Entscheidungen über den weiteren Projektverlauf von Ihnen allein gefällt wurden. Die Gruppe fühlt sich ausgeschlossen und reagiert entsprechend.

8 Wie kann ich die Leistung der Lernenden überprüfen und bewerten?

Sind Sie während des Unterrichts schon einmal gefragt worden, ob das, was Sie gerade unterrichten, auch in der nächsten Schularbeit gefragt wird? Für den Fall, dass Sie im Zuge der Lektüre eine ähnliche Frage an mich richten, antworte ich hier mit einem deutlichen JA!

Selbstverständlich gehört realitätsbezogener Mathematikunterricht nicht nur in Randstunden (z. B. zwischen Zeugnisnotenfeststellung und Zeugnisausteilung oder in Vertretungsstunden), sondern ins Zentrum. Genauso selbstverständlich ist es für mich, dass die hier zu erwerbenden Kompetenzen auch geprüft werden, wie es in der Schule üblich ist. Im Unterricht wichtig ist, was im Test geprüft wird – denken sich viele Schülerinnen und Schüler. Deshalb schauen sie beim Beweis des Satzes von Pythagoras aus dem Fenster oder aufs Smartphone und machen bei den Übungsaufgaben dazu fleißig mit.

Große Projekte lassen sich relativ einfach beurteilen, indem ein Portfolio der Projektarbeit beurteilt wird. Haben Sie schon einmal probiert, die Schülerinnen und Schüler wechselseitig ein Portfolio überprüfen und bewerten zu lassen? Viele Lehrkräfte, die sich auf einen solchen Versuch eingelassen haben, waren sehr positiv überrascht von der Gründlichkeit und Gerechtigkeit der Schülerinnen und Schüler. Das fortlaufende Dokumentieren der eigenen Arbeit ist zugleich hilfreich für den Lernprozess und seine Nachhaltigkeit (sie lässt sich also auch gegenüber Eltern gut rechtfertigen). Stichwort Eltern: Es ist zu empfehlen, den Lernenden vor Projektbeginn mitzuteilen, welchen Stellenwert die Note fürs Portfolio im Hinblick auf die Gesamtzensur haben wird.

Was aber ist mit den kleinen offenen Aufgaben, in denen etwas Modellieren oder ein wenig Realitätsbezug zu finden ist? Wie lässt sich testen, was hier gelernt wurde? Wenn dafür Zeit und Platz ist, am besten durch ähnliche Aufgaben. Aber es lässt sich auch punktuell testen, ob die Schülerinnen und Schüler

J. Maaß, *Realitätsbezogen Mathematik unterrichten,* essentials,
https://doi.org/10.1007/978-3-658-30595-6_8

etwas über das Modellieren gelernt haben. Ich beziehe mich hier auf das Projekt LEMAMOP[1], in dem zu diesem Punkt Vorbildliches geleistet wurde. Unter anderen wurden spezifische Aufgaben zum Testen der Modellierungskompetenz entwickelt. Ein wichtiger Teil dieser Kompetenz ist die Kritikfähigkeit, also die Beurteilung der Qualität von Modellen. Nehmen wir ein Beispiel. Stellen Sie Ihren Schülerinnen und Schüler die Aufgabe, zu beurteilen, ob das folgende Modell die Situation richtig beschreibt. Zwei Personen brauchen sechs Tage, um in einem Haus alle Wände und Decken neu zu streichen. Drei Personen brauchen demnach $\times$ Tage für die selbe Arbeit? $\times = 2 * 6/3 = 4$ (Tage). Nach diesem Modell brauchen 30 Personen 4/10 Tage und 300 Personen 4/100 Tage. Stimmt das?

Eine richtige Antwort sollte z. B. das Argument enthalten, dass ab einer gewissen Personenzahl die Formel die Gesamtarbeitszeit nicht mehr korrekt angeben kann, weil sich die Leute dann bei der Arbeit im Wege stehen. Sehen Sie den Zusammenhang mit den Kapitänsaufgaben? Hier findet eine richtige Antwort nur, wer die Rechnung in Bezug zur Realität setzt.

Nehmen wir ein zweites Beispiel mit aktuellem Bezug. Während ich diese Zeilen tippe gibt es Berge von Daten über Infektionen durch Corona – Viren. Selbstverständlich lassen sich damit auch realitätsnahe Aufgaben formulieren. Für die ersten Tage (26.02.2020 bis 12.03.2020) wurden vom Gesundheitsministerium über die Situation in Österreich die folgenden Zahlen veröffentlicht:

Tag	Anzahl infizierter Personen
1	2
2	2
3	2
4	5
5	7
6	10
7	14
8	18
9	27

[1]= Lerngelegenheiten für Mathematisches Argumentieren, Modellieren und Problemlösen, https://www.nibis.de/lemamop_6251.

Tag	Anzahl infizierter Personen
10	41
11	55
12	79
13	102
14	131
15	182
16	246
17	361

Aufgabe: „Finden Sie eine Funktion, die die Werte aus dieser Tabelle passend beschreibt.

Berechnen Sie mithilfe dieser Funktion die Anzahl infizierter Personen zum ersten Tag jedes Monats bis zum Jahresende. Interpretieren Sie die Ergebnisse Ihrer Berechnung.“

Eine kleine grafische Hilfe finden Sie in Abb. 8.1:

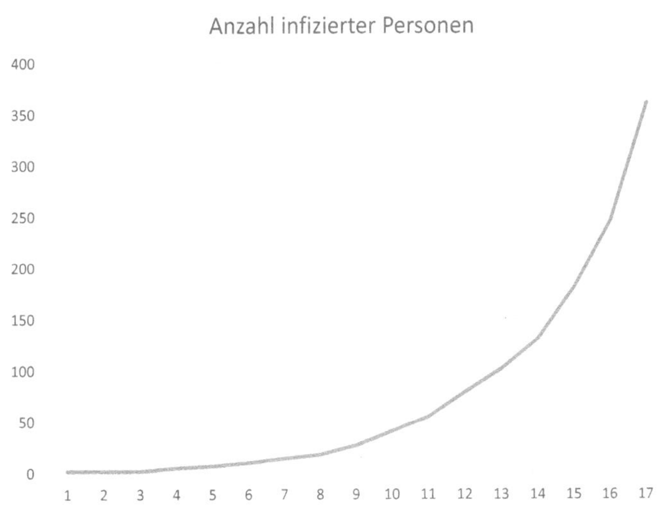

Abb. 8.1 Anzahl der Infizierten in Österreich in den ersten Tagen

Ohne weitere Rechnung erkennen Sie das Bild einer Exponentialfunktion und wissen sofort, dass nach diesem Modell Ende des Jahres weit mehr Personen infiziert sind, als in Österreich leben. Die Exponentialfunktion, die das Wachstum in den ersten Tagen gut wiedergibt, ist als Modell für längerfristige Prognosen also nur begrenzt (insbesondere zeitlich begrenzt!) nützlich[2]. Wenn Ihre Schulklasse das erkennt, zeigt sie Modellierungskompetenz. In der MUED gibt es mittlerweile viele Unterrichtseinheiten zum Thema.

[2]Falls Sie eine Unterrichtseinheit zum Thema Infektionskrankheiten planen, noch eine Lesetipp: https://www.falter.at/zeitung/20200408/ungewisse-zeiten-klare-zahlen?ref=homepage.

9 Zusammenfassung/Schluss

Wenn Sie dem Text bis hier gefolgt sind und die eine oder andere Übung mitgemacht haben, wissen Sie mehr als zuvor über realitätsbezogenen Mathematikunterricht. Was können Sie als Fazit mitnehmen?

Nach meiner Erfahrung und Einschätzung sind zwei Punkte wichtig. Einerseits ist der Weg zu Inhalten für realitätsnahe Aufgaben und Projekte nicht so schwierig. Es gibt dazu bereits viele Materialien und Erfahrungen. Andererseits ist die eigentliche Herausforderung eine Umstellung in der Methodik des Unterrichts: Die Methodenvielfalt sollte größer sein als üblich. Sie müssen mehr mit offen Situationen umgehen, vielleicht mehr Technologie auch durch Schülerinnen und Schüler einsetzen (lassen) und wechseln bisweilen die Art Ihrer Tätigkeit vom möglicherweise zu lehrerzentrierten Unterricht zur Moderation von Tätigkeiten der Lernenden. Dazu gibt es abschließend einen Tipp aus der Erfahrung mit Ausflügen ins Unbekannte: Bitte nicht mit Schwung und vollem Risiko mitten hineineilen, sondern mit vorsichtigen kleinen Schritten vorantasten.

Ich danke fürs Lesen und Mitarbeiten. Mailen Sie mir bitte Kritik, Fragen und Hinweise: juergen.maasz@jku.at.

J. Maaß, *Realitätsbezogen Mathematik unterrichten*, essentials,
https://doi.org/10.1007/978-3-658-30595-6_9

Was Sie aus diesem *essential* mitnehmen können

Nach der Lektüre wissen Sie, was „realitätsbezogener" Mathematikunterricht ist und wo Sie bei Bedarf mehr darüber erfahren können. Sie kennen einige Beispiele, die Sie parallel zur Lektüre in Ihrem Unterricht ausprobieren können. Sie haben Zugang zu weit mehr praxiserprobten Unterrichtseinheiten. Sie schauen optimistisch in eine Zukunft, in der Ihr Mathematikunterricht Ihnen und den Lernenden mehr Freude bereitet, kreativen Umgang mit Mathematik ermöglicht und mehr Wissen über Mathematik vermittelt.

J. Maaß, *Realitätsbezogen Mathematik unterrichten*, essentials,
https://doi.org/10.1007/978-3-658-30595-6

Literatur

Androsch G., Aspetzberger K., Boxhofer E., Lischka U., Lindner A., Maaß J., Pöchtrager H., Reindl S., Schranz P., Venhoda S., Waldl G.: Maths Eyes: Die Welt mit mathematischen Augen sehen. Bericht über einen Wettbewerb als Anregung für motivierenden Mathematikunterricht (2015), in: Lucia Del Chicca, Markus Hohenwarter (Hrsg.): Mathematikdidaktik im Dialog, Trauner Verlag Linz

Baruk S. (1998): L'âge du capitaine (Points Sciences), Contempoary French Fiction, Januar

Böer H. (2018): Die materialminimale Milchtüte – eine tatsächliche Problemstellung aktueller industrieller Massenproduktion. In: Siller HS., Greefrath G., Blum W. (Hrsg.): Neue Materialien für einen realitätsbezogenen Mathematikunterricht 4. Realitätsbezüge im Mathematikunterricht. Springer Spektrum, Wiesbaden, S. 17–30

Booss-Bavnbek B., Pate G. (1990): 50 Jahre militärische Verschmutzung der Mathematik. undurchdringliche Komplexität, rücksichtslose Kreativität und täuschende Vertrautheit. In: Göbel H.-W., Tschirner M. (Hrsg.): Wissenschaft im Krieg – Krieg in der Wissenschaft, Tagungsband eines Wissenschaftlichen Symposiums an der Universität Marburg 1989. Schriftenreihe für Friedens-und Abrüstungsforschung, Bd. 15, S. 157–172, Marburg

Herget W. und Scholz D. (1998): Die etwas andere Aufgabe — aus der Zeitung. Mathematik-Aufgaben Sek I. Mit Lösungsvorschlägen, Seelze

Hischer, H. (1994). Geschichte der Mathematik als didaktischer Aspekt (1). Entdeckung der Irrationalität am Pentagon – Ein Beispiel für den Sekundarbereich I. Mathematik in der Schule 32, 4, 238–248

Maaß J. (1997): Was bleibt? Erfolge und Misserfolge des Mathematikunterrichts aus der Sicht von Erwachsenen, in: ÖMG (Eds.): Vorträge der ÖMG – Lehrerfortbildungstagung 1997 in Wien, Universität Wien

Maaß J. (2015): Modellieren in der Schule. Ein Lernbuch zu Theorie und Praxis des realitätsbezogenen Mathematikunterrichts, Reihe „Schriften zum Modellieren und zum Anwenden von Mathematik", WTM Verlag, Münster

Maaß J. (2018): Schüler*innen entwickeln eine „Radarfalle", in: Siller H-S., Greefrath G., Blum W. (Hrsg.): Neue Materialien für einen realitätsbezogenen Mathematikunterricht 4. Realitätsbezüge im Mathematikunterricht. Springer Spektrum, Wiesbaden

J. Maaß, *Realitätsbezogen Mathematik unterrichten*, essentials,
https://doi.org/10.1007/978-3-658-30595-6

Maaß J., Aschauer E. (2020): Wir vermessen eine Kirche. Ein Projekt zur angewandten Geometrie, in: Maaß J. (Hrsg.): Attraktiver Mathematikunterricht. Motivierende Beispiel aus der Praxis, Springer, S. 25–34

Maaß J., Berger I. (2020): Der Traum vom Fliegen: Ein projektorientierter Wettbewerb mit Papierfliegern für die Schule, in: Maaß J. (Hrsg.): Attraktiver Mathematikunterricht. Motivierende Beispiel aus der Praxis, Springer, S. 11–23

Maaß J., Fellner R. (2020): Der „Strahlende September" erhellt den Unterricht in Kunst und Mathematik, in: Maaß J. (Hrsg.): Attraktiver Mathematikunterricht. Motivierende Beispiel aus der Praxis, Springer, S. 135–146)

Maaß J., Hohl R. (2020): Die Taschensonnenuhr, in: Maaß J. (Hrsg.): Attraktiver Mathematikunterricht. Motivierende Beispiel aus der Praxis, Springer, S. 75–90).

Maaß J., Siller H-S. (2012): Mathe als Ernährungsratgeber? Punkte für eine ausgewogene Ernährung, in: Mathematik lehren, Heft 175, S. 14–18

Maaß J., Siller H-S. (2018): Fußball EM mit Sportwetten, in: Siller H-S., Greefrath G., Blum W. (Hrsg.): Neue Materialien für einen realitätsbezogenen Mathematikunterricht 4, 25 Jahre ISTRON-Gruppe – eine Best-of-Auswahl aus der ISTRON-Schriftenreihe, Springer Verlag, S. 343–356

Maaß J., Schlöglmann W. (Hrsg.) (1989): Mathematik als Technologie? Wechselwirkungen zwischen Mathematik, Neuen Technologien, Aus- und Weiterbildung, Deutscher Studien Verlag

Platon (1994): „Der Staat" findet sich in den gesammelten Werken. Reinbek: Rowohlt.